突围原生家庭

如何在过去的伤痛中重建自我

[德] 斯蒂芬妮·斯蒂尔Stefanie Stahl　著

胡静 译

Das Kind
in dir muss Heimat
finden

北京联合出版公司
Beijing United Publishing Co.,Ltd.

图书在版编目（ＣＩＰ）数据

突围原生家庭：如何在过去的伤痛中重建自我 / (德) 斯蒂芬妮·斯蒂尔著；胡静译.
-- 北京：北京联合出版公司, 2019.8 （2023.6重印）
ISBN 978-7-5596-3246-3

Ⅰ.①突… Ⅱ.①斯… ②胡… Ⅲ.①心理学—通俗读物 Ⅳ.①B84-49

中国版本图书馆CIP数据核字(2019)第092040号

Original title: DAS KIND IN DIR MUSS HEIMAT FINDEN by Stefanie Stahl
© 2015 by Kailash Verlag,
a division of Verlagsgruppe Random House GmbH, München, Germany
Simplified Chinese Edition:
© 2019 Beijing Zhengqing Culture & Art Co., Ltd.

北京市版权局著作权登记号：图字01-2019-3903号

突围原生家庭：如何在过去的伤痛中重建自我
DAS KIND IN DIR MUSS HEIMAT FINDEN

著　　者：〔德〕斯蒂芬妮·斯蒂尔
译　　者：胡　静
责任编辑：张　萌
封面设计：仙境设计
装帧设计：季　群　涂依一

北京联合出版公司出版
（北京市西城区德外大街83号楼9层　100088）
北京联合天畅文化传播公司发行
北京天宇万达印刷有限公司印刷　新华书店经销
字数180千字　640毫米×960毫米　1/16　17.5印张
2019年8月第1版　2023年6月第5次印刷
ISBN 978-7-5596-3246-3
定价：38.00元

摆脱糨糊心理，从原生家庭突围

有一本很有名的图画书，叫《大卫，不可以》，相信很多人都看过。

书中那个名叫大卫的小男孩，天真无邪，却无比淘气，常把自己置于危险的境地，令妈妈胆战心惊。比如他一只脚踩在倾斜的书上，另一只脚悬空，伸出双手用力去搬桌子上的玻璃鱼缸。眼看着鱼缸就要倒下来砸中他，妈妈大惊失色，大声喊道："大卫，不可以。"

读这本书，我们能从中感受到大卫妈妈浓浓的母爱。正如托尔斯泰所说："如果没有人对你说'不'，你是长不大的。"不过，现在我要说的是，即使像大卫妈妈那样关心爱护孩子，倘若处理不当，也会对孩子造成心理伤害。

大卫妈妈出于安全考虑，常挂在嘴边的那句话——"大卫，不可以"，在危险时刻和一定的年龄阶段，是必需的。但如果随着孩子一天天长大，有能力独自去闯荡世界时，妈妈依然唠唠叨叨"大卫，不可以"，那么妈妈的爱就变成了一种羁绊，让大卫觉得外面的世界很危险，只有待在妈妈身边才安全。同时，大卫这也不可以，那也不可以，妈妈的口头禅在他心中就会翻译成"我这也不行，那也不行"，并由此产生强烈的自卑感，折断他成长的羽翼。这种过分的担心和焦虑，就是一种伤害。

原生家庭中的伤害，很少是露骨的、赤裸裸的，都夹杂着爱——是在爱中伤害，是伤害中也有爱。正因如此，才会让我们的认知出现粘连，内心犹如一团糨糊：混乱、纠结、痛苦，不明就里，无所适从，充满无尽的矛盾和冲突。

一般来说，认知粘连会表现在两个方面：一是将过分担心与爱粘连，或者将愤怒与爱粘连，比如父母一边愤怒地打骂孩子，一边说"打你，就是爱你"，这样一来，孩子就会将打骂与爱粘连；另一种是将童年的经历和感受粘连到成年后的生活和工作中，分不清哪些是过去，哪些是现在，心中搅成一团。

在《突围原生家庭》中，德国著名心理医生、畅销书作家斯蒂芬妮·斯蒂尔说，糨糊心理看似模糊、庞杂和混乱，其实只有三样东西：阴影小孩、阳光小孩，以及成人自我。

原生家庭中受伤的感受构成了一个人心中的阴影小孩，而被爱的感受构成了阳光小孩，它们皆存储于潜意识中，控制了我们80% 以上的情绪和行为。而成人自我是意识中的自我，具有理性和理智。我们的内心之所以混乱，就是因为将这三样东西粘连在了一起，剪不断理还乱。从原生家庭中突围，首先需要厘清哪些属于阴影小孩，哪些属于阳光小孩，哪些属于成人自我；然后，清除认知粘连，摆脱纠缠不清的糨糊心理；最后再重新进行整合。

心理学家荣格说："一个人毕其一生的努力，都是在整合他自童年时代就已经形成的性格。"性格有很大一部分是阴影小孩所采取的保护策略。比如在原生家庭中，父母常打骂孩子，那么孩子为了保护自己，就会反抗，并逐渐形成脾气暴躁的攻击型性格，或者形成无动于衷、什么都不在乎的消极抵抗型性格。

不管在原生家庭中形成了什么样的性格，都是为了适应当时环境而滋生出的保护外壳，并非自己真实的样子。驮着这层外壳，既遮挡了内在的光亮，也模糊了外面的现实，既混淆了控制、伤害和爱，还会将过去的经历和感受粘连到今天的生活中。而"整合"就是清除这种认知上的粘连，去除保护的外壳，露出真实的自我。这需要我们进入潜意识的深渊，触碰阴影小孩，感受他、接纳他、安慰他，勇敢将他呈现于成人自我的意识中。之所以要这样，是因为生命最强大的力量并不在光明中，而是在阴影里。

《少有人走的路》中有这样的话："将内心呈现出来，它将拯救你；如若不然，它将摧毁你。"一次，与一位女士聊天，她说这句话莫名地触动了她，却不明白为什么。她还说不知道如何呈现内心，也不知道将内心呈现给谁。她感到困惑，渴望答案。或许，这本书可以给她答案。书中那些简单实用的方法和练习，诸如"感受你的阴影小孩""接纳阴影小孩"，以及"成人自我安慰阴影小孩"等，其实就是在教我们如何呈现内心。而将内心呈现出来，也不是给某个具体的人，而是让那些隐藏在潜意识中的想法和感受浮出水面，被自己的意识发现，并看见。

　　看见了，我们就能用成人自我的理智，重新梳理原生家庭中的经历和感受，分门别类，父母的责任归父母，童年的感受归童年，不再将过去的感受粘连到现在，从而摆脱糨糊心理，遇见真实的自己。

　　尽管这个真实的自己并不完美，但我们不再为此感到羞愧，也不再借助外壳掩饰。我们感受到了从未有过的轻松和完整。这也许就是传说中的"知行合一"——阴影小孩、阳光小孩和成人自我三位一体，不再粘连、撕扯和分裂，内心和解，一片澄明。

　　最后，我们终于从原生家庭突围，开始了自我成长的旅程。

涂道坤

目录

第六章
为了抵御原生家庭的伤害，我们滋生出自我保护的外壳 _ 075

序言

没有完美的原生家庭，
但我们都能找到治愈的路

每个孩子都需要一个地方，在这里，他感到安全，并受周围的人喜爱。

每个人都向往一个地方，在这里，他可以彻底放松，完全成为他自己。

理想情况下，这个地方应该是和父母一起生活的原生家庭。在原生家庭中，如果能够得到父母的认可和充分的爱，我们的内心也就有了一个温暖的家。

家，是每个人向往的那个舒心自在的地方。童年在原生家庭中被认可、被爱的感受会内化为我们积极生活的基础，并将伴随一生——这是一种生活和生存上的安全感。有了这种安全感，我们才能变得自信，并敢于信任他人。

人们把这种信任称为原始信任。

原生家庭中的原始信任就像内心的港湾，能够给予我们支持和保护，让自我变得真实和完整，充满生命力和创造力。

　　然而，很多人的童年却与不美好的，甚至是痛苦的记忆联系在一起。他们在原生家庭中得不到信任，没有安全感，于孤独、恐惧和无助中长大，性格严重被扭曲。成人之后，他们或者经常暴怒，难以控制情绪；或者习惯性压抑自己，没有主见，一味讨好别人；或者竭力追求完美，追求权力；或者长期遭受焦虑症和抑郁症的折磨。由于他们没有得到原始信任，自我价值感极低，所以，常怀疑是否真的受到伴侣、上司或者新朋友的喜爱和欢迎，捕风捉影，焦虑不安，不能展现真实的自己，也处理不好人际关系。也就是说，由于原始信任的缺失，他们难以感受到来自内心的依靠，总希望别人可以给他们提供安全感、保护和家的温暖。他们想从伴侣、同事、朋友，或者物质上，寻找原生家庭缺失的爱。他们的自我是苍白、干瘪和脆弱的，稍不如意，便会触动内心深处的伤痛，或者伤心欲绝，陷入自卑，或者抱怨指责，歇斯底里攻击别人。他们并没有意识到，自己现在的感受、行为和扭曲的性格，都是因为没有从原生家庭突围才导致的。

　　除了与生俱来的天性，原生家庭中的经历在很大程度上决定了人的感受、行为和自我价值感，这些东西被看作是性格的一部分，是原生家庭所受影响的总和，来源于父母和其他重要的养育者。大多数情况下，我们能够回忆起的童年经历都停留在意识层面，而更多的早已进入潜意识的深渊。可以说，原生家庭是我们潜意识的重要组成部分，包括童年经历的害怕、担忧和困境，也包含所有童年时期得到的爱和积极影响。

成人遇到的很多困难和麻烦，都有小时候的根源。因为在原生家庭中有阴影的人即使长大成人，依然会用受伤小孩的眼睛看待周围发生的一切，形成"糨糊心理"。所谓糨糊心理，就是将童年的经历和感受粘连到现在发生的事情上，分不清哪些是过去，哪些是现在，这不可避免会张冠李戴，歪曲事实，曲解别人的想法和行为。糨糊心理，又叫"感知扭曲"。例如，别人无意中说的一句话，他们会理解为恶意中伤，或者挑衅；不经意的一个眼神，会解读为一种嘲笑和侮辱。由于糨糊心理，或感知扭曲，所以他们的感受和情绪反应，总是与客观事实不符，常处于臆想的羞辱、攻击、不安和恐惧中，行为令人匪夷所思。正是因为这样的原因，周围的人都不愿意与他们交往，人际关系常陷入困境。

不仅如此，由于在原生家庭中没有得到认可和保护，内心一直处于饥渴状态，随着时间的推移，这种饥渴并不会消失，反而越来越强烈。为了弥补原生家庭的缺失，他们会竭力寻求别人的认可和安全感。一方面是安全感的缺失，令他们时刻处于不安和恐惧中，对周围人充满怀疑和警惕，总是从坏的方面猜测别人；一方面是对认可和保护的强烈追求，以至于反应过度。这两方面交织在心中，深入骨髓，在潜意识层面影响了他们的认知、感受、思考以及行动。这种影响之大远远超过理智。科学研究表明，潜意识的影响非常巨大，控制了我们感知和行动的 80% 到 90%。

举例来说，麦克和萨宾娜是一对夫妻。如果麦克稍微感觉被妻子忽视，就会火冒三丈。一天，萨宾娜买东西时忘了麦克想要的香肠，麦克勃然大怒，冲妻子大喊大叫。萨宾娜大吃一惊，对她来说只不过是忘了买香肠，一件小事而已，但是对于麦克来说就好像是整个世界崩塌了，怒不可遏。这是怎么回事呢？

　　原因就在于认知粘连和糨糊心理。原来童年时的麦克在原生家庭中，一直没有得到妈妈的关心和重视，愿望很少获得满足，长期被忽视的遭遇和感受，使得他在潜意识中燃烧着对妈妈的怒火。而妻子萨宾娜忘记给他买香肠，恰好触碰了他的隐痛，于是他便将原生家庭中那种被忽视的伤害和痛苦粘连到了妻子身上，冲她发泄愤怒，暴跳如雷。换言之，由于被原生家庭忽视，麦克一直在追求被重视的感觉。如果感到被忽视，他就会用愤怒作为保护策略，捍卫脆弱的心灵。但由于这种怒火积压在潜意识中，无知无觉，所以麦克根本意识不到他对萨宾娜的愤怒其实是在潜意识中对母亲的愤怒。也正是因为这种认知粘连所导致的糨糊心理，所以麦克几乎无法看清他愤怒的真正源头，并改变他的感受和行为。

　　当然，由香肠引发的争吵并不是他们夫妻间唯一的冲突。麦克和萨宾娜经常为一些无聊的事情争吵，而双方都不知道，他们真正在吵什么。这是因为，萨宾娜的原生家庭也不完美，她小时候经常被父母批评，惹父母生气，这让她感觉自己很渺小、没有价值。所以，她也将童年的经历和感受粘连到婚姻关系中，导致糨糊心理。她看不清麦克愤怒的真正原因，而是将他的愤怒与她在原生家庭中感受到的自卑、屈辱和伤害粘连在一起，并由此变得十分激动。从表面上看，这是两个成年人在为现在发生的小事争吵，但其实则是两个小孩在为过去原生家庭的伤害埋单。他们现在吵的架，都是原生家庭的痛。

但如果你仔细分析他们潜意识的渴望和所受的伤害，就会发现，他们完全可以用更好的方式交流，寻找情绪和行为背后的深层原因，清除认知粘连，而不是仅仅停留在表面——为被遗忘的香肠或者其他小事争吵。只有这样，才会减少争吵，亲近对方，彼此理解。

实际上，不清除认知粘连，不仅会让伴侣之间产生莫名其妙的争吵，还包括其他方面，比如说，一个员工因为受了上司的几句批评，就对工作甩手不干；或者，一个外交官以武力的方式回应边界冲突等。许多人虽然已经成年，却仍然将原生家庭中的伤害粘连到现在的生活中，这导致了他们对自己和生活的不满意，很容易引起冲突，并将这些冲突升级。如果人们能够让无意识的情绪和行为浮现在意识中，并被自己觉知，就能够摆脱糨糊心理，看清真相，将过去留在过去，理智解决现在的问题。

没有父母是完美的，也没有完美的原生家庭。那些童年相对比较幸福的人也会有生活上的烦恼和问题，因为他们的内心也曾受过伤害，也有一定程度的认知粘连。任何原生家庭在给孩子带来爱的同时，也会带来伤害。这些伤害的记忆会给他们以后的人生带来麻烦，其表现不一定是麦克的脾气暴躁。有些人可能会表现为难以信任家庭成员以外的其他人，有些人可能会难以做出重要的决定，有些人可能不愿意突破自己，有些人可能无法处理亲密关系，而有些人则可能患上拖延症、焦虑症和抑郁症等，但是，不管是哪种情况，都是因为我们将原生家庭的经历和感受粘连到了现在，使我们看不清真相，阻碍了与他人进行真诚的联系和沟通。

然而，有一点对所有人都适用：虽然每个家庭都不完美，每个人都曾受过伤害，但我们却能找到治愈的路。只要我们清除认知粘连，摆脱糨糊心理，就能从原生家庭突围，在过去的伤痛中重建自我。这是我们与其他人建立和平、友好和幸福关系的前提，也是找回真实自己的首要条件。

这本书会帮助你摆脱原生家庭的伤害，避免陷入过去的糨糊心理；还将指导你建立起全新的人生观和行为方式，你的人生和人际关系将会因此变得不同。

Das Kind
in dir muss
Heimat
finden

第一章

原生家庭与内心的小孩

从意识层表面来看，我们的内心就像一团糨糊：混沌、黏稠、模糊不清。而内心的问题也总是纷乱、纠结、冲突不断，难以解决。与此同时，我们对别人的内心也不了解，不知道他们的感受和想法，以及为什么会有那样的情绪反应，并做出一些匪夷所思的事情。总之，我们对自己和他人的内心就如同雾里看花，不是很清楚。

实际上，人的内心结构并不是那么复杂，简单来说，我们可以把它分成不同的成分：儿童成分和成人成分，意识层面和潜意识层面。

如果人们能够认识内心的成分和结构，就能了解外在的行为方式和性格特征，有意识地生活，并解决以前看起来难以解决的内部和外部问题。

那么，如何才能做到这点呢？这正是本书要实现的目的。

内心的小孩，性格的印记

一个人的行为方式和性格特征，主要是由心理结构决定的，而一个功能良好的心理结构，最重要的来源是原生家庭。

"内心的小孩"是对原生家庭中童年印记的比喻，用来描述内心当中由潜意识控制的那一部分。内心的小孩决定了我们的感觉，例如害怕、痛苦、悲伤、愤怒、抑郁、焦虑，以及快乐、幸福和爱意等。内心的小孩可以是积极幸福的，也可以是消极忧伤的。我们将在这本书中进一步认识这两种小孩，并且学会与他们和谐相处。

在内心结构中，还有一个成年自我，可以称他为"内心的成人"，具有理性和理智，即思维。在成年自我的层面，我们承担责任、制订计划、预先行动、认清并理解关系、权衡风险并且调整内心的情绪。成年自我的行动是有意识、有计划的。

西格蒙德·弗洛伊德是第一个分析内心结构的人。现代心理学所说的内心小孩，弗洛伊德把他称为"本我"，而成年自我被称为"自我"。另外他还创造了所谓的"超我"。超我是内心的道德，现代心理学称他为"父母自我"或"内心的批判家"。如果你处在内心的批判家模式，那么内心的对话就会是这样的："别做这种傻事！你什么都不是！你什么都做不了！你一无是处！"

目前有些治疗方法，例如图式疗法将三个主要层次，即内心小孩、成年自我以及父母自我，又进行了细分，分为"受伤的内心小孩""高兴的内心小孩""生气的内心小孩"，以及"严厉的父母自我"和"仁慈的父母自我"等。著名的汉堡心理学家舒尔茨·图恩对人类一系列的子性格进行了定义，把他们称为"内心的团队"。

然而，如果人们同时处理如此多的内心层面，很快就会觉得麻烦和疲倦。为了尽可能简单实用，我在本书中仅仅分析快乐的内心小孩、受伤的内心小孩和内心的成人。根据我的经验，这三个层面完全可以解决问题。我用"阳光小孩"和"阴影小孩"来替代"快乐的内心小孩"和"受伤的内心小孩"。这样听起来更形象、更生动。创造这两个词的人并不是我，是我的老朋友和同事朱莉娅·托穆沙特，她的那本《阳光小孩原则》非常值得一读。

阳光小孩和阴影小孩都是我们性格的印记，统称为"内心的小孩"，是潜意识层面的组成成分。借助多年的心理治疗经验，我开发了一套摆脱原生家庭阴影，重建自我的方法，使用的正是阳光小孩和阴影小孩的比喻。这套方法几乎可以帮助你解决所有的内心问题，比如所有的人际关系问题，以及沮丧的心情、压力、对于未来的焦虑、生活缺少乐趣、恐慌发作、强迫症和抑郁症等，而这些问题绝大多数可归咎于自身，是我们原生家庭中的阴影小孩所带来的。换句话说，是内心经常处于阴影小孩的层面，又叫阴影小孩模式，感受不到自身的价值。

阳光小孩，阴影小孩

我们如何感受，有哪些感受，哪些又是我们感受不到的，这些都和我们在原生家庭中的经历密切相关。这些经历会形成一种信念，积淀在潜意识层面，深刻影响我们的感受、感知和行为，并固化成相应的行为方式和性格特征。

在心理学上，信念是一种根深蒂固的信仰，是对自身和他人认知的集合。很多信念萌芽于人生的早期阶段，是孩子在原生家庭中和父母互动的产物。

内心的信念可以是"我很好"或者"我不好"。一般来说，在原生家庭或者其他人生阶段，我们既接受了积极的信念，也接受了消极的信念。积极的信念"我很好"来源于被生命中重要的人所接纳并喜爱，通过他们的爱，我们才能感觉到自己有多么好，这能激发出内心源源不断的力量。消极的信念"我不好"，源于我们曾经不被人接纳，或者被父母所忽视、拒绝、嘲弄和伤害，并由此觉得自己很差劲，这会让我们的内心变得苍白、无力和脆弱。

阴影小孩包括消极信念和由此衍生出来的负面感受，例如悲伤、害怕、无助或者愤怒。另外，这也会导致我们滋生所谓的自我保护策略。保护策略，简而言之，是一种应付这些感受，逃避痛苦的机制，但它在逃避痛苦时，也会降低我们的存在感和自我价值感。典型的保护策略有：回避、讨好别人、追求和睦、追求完美、攻击别人，或者追求权力和控制欲等。

关于信念、感受和自我保护策略，是本书最重要的概念，在后面的章节将进行详细的讲解。只有了解这些概念之后，我们才能弄清认知是如何粘连的，以及为什么会出现糨糊心理。不过，现在你只需要知道，阴影小孩代表我们自我价值受到伤害的那一部分，即感知脆弱的那一部分。

相反，阳光小孩代表我们受到的积极影响和所有让孩子感到快乐的正面力量：自发性、冒险精神、好奇、忘我、活力、行动力和生活乐趣。也就是说阳光小孩代表我们自我价值感尚未受损的部分。每个人心中都有阳光的一面，也有阴影的一面，即使是在原生家庭承受过剧烈伤痛的人也肯定拥有一部分健全的性格。对于生活的某些场景，他们也会给予恰当的反应，也拥有快乐、好奇和调皮的阳光小孩时刻。不过，对于这些在原生家庭中受到伤害的人来说，阳光小孩出场的频率十分有限。

有一点需要明白，阴影小孩是我们内心产生问题的那部分心灵。一开始，他停留在潜意识层面，没有任何表现。我想再次借用麦克和萨宾娜的例子来说明一下：如果麦克从成人自我的层面来观察自己的行为，那么他就会意识到，他经常反应过激。于是他会告诉自己，应该有意识地控制住怒火。用成人自我强行控制愤怒，有时候他能做到，但大多数情况下却做不到。虽然他的想法是好的，但结果却并不理想，这是因为他内心的成人，也就是理智，并不了解那个受伤的阴影小孩，也没有办法影响他。影响需要深入的了解，如果你不去了解阴影小孩，发掘其中的力量，为我所用，就会反受其害，最终被阴影小孩左右。

想要成功调节自己的情绪，麦克就必须分清楚在原生家庭中母亲给他造成的伤害和萨宾娜行为之间的差异，清除认知粘连。他必须要了解，自己内心那个阴影小孩身上的伤痛一直没有得到治愈，如果阴影小孩认为，他的愿望没有受到足够尊重，那么他的伤疤就会再次被揭开。在明白了这些情况之后，他的内心成人可以这样来安慰阴影小孩："亲爱的，萨宾娜忘了你的香肠，但这并不意味着她不爱你或者说不尊重你的愿望。萨宾娜不是妈妈，她和所有人一样，并不是一个完美的人。所以，她完全可能也完全可以忘记一些东西，就算这个东西是你最喜欢的香肠！"

如果麦克能够有意识地将原生家庭中的阴影小孩和内心成人的部分分开，那么他就能逐步摆脱糨糊心理，尝试理解他人，而不会认为萨宾娜忘记他的香肠是因为对他缺少爱和尊重。虽然这仅仅是一个微小的变化，但麦克的怒火却不会再次燃起。如果他想完全控制住愤怒，还必须将意识深入进阴影小孩和他所受的伤害上。另外，他必须学会有意识地进入仁慈而谨慎的成人自我层面，又叫成人自我模式，因为这种自我可以对阴影小孩的冲动行为做出适当的判断，而不是听任阴影小孩对萨宾娜冲动地发火。

阳光或阴影，取决于原生家庭

阳光小孩和阴影小孩的性格基本上在我们人生的前 6 个年头就已经形成，即在原生家庭中形成，当然，并不排除例外情况发生。

一个人在原生家庭中的早期经历非常重要，因为大脑的结构是在这段时间内形成的，包括所有的神经网络连接。因此，父母在这段时间对我们的影响尤其重要，会深深印刻在我们的脑海中。我们会从与父母的关系中学习，父母与我们相处的方式将成为我们所有人生关系的蓝图，以后，我们如何看待自己，如何处理与同学、同事、朋友和恋人的关系，自我价值感是高是低，对他人是否信任等，都是由这张蓝图建立起来的大楼。

然而，人们也要注意，不能把黑与白抠得太死。因为没有一种父母与孩子的关系可以用"绝对好"与"绝对坏"来评价。即使童年过得还不错，但也会有一部分是受过伤害的。我们一无所有，弱小，赤裸裸地来到这个世界。对于婴儿来说，生存意味着要找到一个联系人，他将无条件接受这个婴儿，否则婴儿很可能会面临死亡。在出生后，甚至是出生后的很长一段时间里，我们都处在十分脆弱并且依赖他人的状态。弱小的我们很容易在父母不知不觉的情况下遭受伤害，因此，在我们每个人的内心深处都有一个阴影小孩——他弱小无力，总是觉得自己不好。

另外，就算是最有爱心的父母也不可能满足孩子所有愿望。有些时候，父母必须采取一些必要措施。例如，当孩子刚学会走路时，父母必须用各种各样的规矩来约束孩子，避免他们遭受伤害。父母会警告孩子，不能碰刀具，不能摔坏花瓶，不能玩火，不能在下雨天往外面跑，要小心等等。这样的限制十分必要，但也有可能让孩子们觉得他们自己做错了什么事，进而觉得自己"不好"。

当然，除了这些负面的感受，很多人内心的感受也可以是"好的"，并且是有价值的。我们在原生家庭中不仅经历了坏事，也经历了好事：关注、安全、嬉戏、乐趣和快乐。因此我们把内心的这部分称为阳光小孩。

在原生家庭中，虽然有些父母的初衷是好的，但也可能对孩子造成伤害。如果父母对孩子要求太高，经常批评、教训、斥责、打骂孩子，忽视他们的感受，那么孩子的处境会变得困难。小孩没有能力判断父母的行为是对，还是错。从小孩的角度看，父母是高大的，是不会犯错的。如果父母大喊大叫或者殴打孩子，孩子不会说："爸爸一点也不知道如何处理愤怒，他应该去看看心理医生！"反之，孩子会认为这是因为自己犯了错，所以爸爸才不喜欢他，才会打他。

在出生后的前两年内，孩子通过自己的感觉识别他们是否受到欢迎。对婴儿和幼童的照料主要体现在身体上：喂食、洗浴和包裹。另外有一点也非常重要：抚摸。孩子通过爸爸妈妈的抚摸、饱含爱意的注视，以及温柔的声音可以获悉，他是否受到世界的欢迎。由于孩子在人生的前两年完全依赖父母，所以在这段时间里产生了所谓的原始信任 (Urvertrauen) 和原始不信任 (Urmissvertrauen)。前缀"原始"（Ur）表示这是一种深度的存在经验。这种经验会深深地印刻在我们的身体中。那些已经拥有原始信任的人会有意识地体会到来自内在的自信，这是信任他人的基础。而那些没有原始信任的人内心深处是不自信、不安全的，因而也很难去信任他人。如果一个人建立起原始信任，他会经常处于阳光小孩层面，又叫阳光小孩模式。反之，如果没有建立起原始信任，那么他人生的大部分时间都会处于阴影小孩模式中。

神经生物学也再次印证了这一点，如果孩子早期在原生家庭中的压力过大，缺少关爱，那么他整个一生的压力都会很大。这可能导致，孩子成年以后非常容易陷入压力，与那些童年快乐的人相比，他们对压力的反应更加敏感、更加剧烈，心理抗压能力也比较差。原因在于这些人会承受双重压力，一重是本身所遭受的压力，另一重是内心阴影小孩推波助澜的压力。

另外，其他成长阶段也非常重要并且具有影响力。当然，我们身边除了父母之外，其他人也会对我们造成影响，例如祖父母、同学和老师。但是我打算主要讨论父母对孩子的影响，因为他们是主要关系人，不然这本书的范围就太广了。如果同龄人、老师或者你的祖母对你的影响更大，那么你在做练习的时候也可以选择这些人。

当处于理智的意识状态，也就是成人自我时，我们很难去回忆婴幼儿的前两年，因为这两年的经历已经被作为一种性格特征积淀进潜意识。大多数人的回忆都是从幼儿园或者小学开始的，他们有意识地回忆父母是如何对待他们的，以及自己与父母的关系如何，等等。这些回忆至关重要，不过，只有当回忆触及生命的源头，进入潜意识的深渊之后，我们才能深入了解自己性格形成的原因，治愈内心受伤的小孩，重建自我。

内省，是摆脱糨糊心理的捷径

内省是心理学家最喜欢的词语，原因很充分：一个喜欢内省的人由于能够觉察到自己内心的动机、感受和想法，所以很容易从源头入手，深度调整自己，摆脱糨糊心理。内省的人能觉察自身的阴影面，所以也能更有意识地处理这些感受。

例如，一天，利昂发现自己很讨厌同事埃里克。不过，由于能够内省，他并没有让这种情绪粘连上童年的创伤，并蔓延开来，而是很快觉察到自己不喜欢埃里克并不是因为他多么不好，而是因为自己嫉妒他的成就。在承认这个事实的过程中，利昂已经意识到，出于这样的动机去对待埃里克，甚至损害他，本身就不公平。于是利昂决定调整内心的嫉妒，与埃里克友好相处。利昂的内省使他感知到了自身的嫉妒和自卑感，他积极应对这种感受，不仅处理好了与同事的关系，自己在工作上也取得了不小的进步。反之，如果利昂缺乏内省精神，不承认他讨厌埃里克是因为嫉妒，而是陷入糨糊心理，就会受到内心的诱惑去打击对方，或者在别人面前嘲弄贬低对方，让人际关系陷入僵局。

　　这个简单的例子表明，内省不仅能解决自己的问题，还可以帮助自己融入社会，然后被社会接纳。所以，内省不仅有自我认识的价值，还有社会价值。缺乏内省，很可能陷入糨糊心理，处处碰壁。比如，一个人如果不反省他的无力感和自卑感，不清楚这些感受的来源，那么他就会过度地追求权力和虚荣心，以一种社会没有办法容忍的方式满足阴影小孩的需求。亨利·柏格森说："虚荣心很难说是一种恶行，然而一切恶行都是围绕虚荣心而生，都不过是满足虚荣心的手段。"

　　同样，如果一个人不了解内心的阴影小孩，就会导致他产生严重的认知粘连和感知扭曲。因为人们从阴影小孩的角度观察对方，就会觉得对方总是比自己要高大，这种臆想出来的差距容易让人产生一种非理性的憎恨。这一点可以从麦克和萨宾娜的例子中看出。由于麦克并没有认识到他童年所遭受的伤害和他的愤怒之间的关系，所以，当他进入阴影小孩模式后，他感觉萨宾娜很"高大"，很"傲慢"，很"无礼"，而他自己则是一个渺小的牺牲品。为了反抗自己卑微的命运，他对萨宾娜大肆咆哮，大发雷霆。这里所描述的仅仅是夫妻之间的争吵。如果是政治家因为自身缺少内省意识，陷入糨糊心理，那么他们就会不断追求权力，追求控制，彼此斗争激烈，让整个国家和民族遭受灾难。

　　因此，亲爱的读者们，我殷切期望你们能够学会内省，摆脱糨糊心理，这不仅能从原生家庭中突围，还会帮助我们成为更真实、更清醒、更完整的人。

Das Kind
in dir muss
Heimat
finden

第二章

好的原生家庭有什么标准

关于原生家庭，我们有太多困惑，需要答案。

如果你是父母，一定感到很委屈，自己辛辛苦苦将孩子养大，为什么就伤害了他（她）呢？而孩子虽然遭受了伤害，备感伤心、孤独、恐惧、无助和愤怒，却也不清楚为何会如此？

在百思不得其解之后，父母或许会想，养儿方知父母恩，等孩子有了孩子后，就能理解我们了。但一个可怕的现象是，等这些受过伤的人有了孩子后，他们或者像自己的父母一样，或者走向另一个极端，把伤害变成接力赛。

要停止伤害接力赛，就必须了解伤害从何而来。

在我看来，所有的伤害，都是因为孩子在原生家庭中心理需求没有得到满足的结果。明白了这一点，看似复杂的问题，就变得简单起来，不仅可以让父母知道他们为什么伤了孩子，还可以让那些受过伤的人从原生家庭中突围出来。

好的原生家庭，应该满足四种心理需求

现在我们知道，阴影小孩和阳光小孩是童年在原生家庭中与父母相处的产物，对一个人具有深远的影响，其结果也是符合逻辑的。如果在原生家庭中父母与孩子的关系是温暖、安全、充满关爱的，孩子就能培养出积极的自我价值感和原始信任，成人后便会经常处在阳光小孩的模式中。相反，如果父母

缺乏关爱，孩子感受不到安全，对他人缺乏信任，长大之后就会常处于阴影小孩的模式中。

现在有很多育儿专家，告诉父母如何陪伴孩子渡过各个阶段。人们也经常有这样的困惑：好的原生家庭有什么标准？我们应该怎样解决父母与孩子之间的冲突？怎样改正孩子不好的行为习惯？如何处理孩子的问题？

从心理学家的角度讲，父母与孩子之间的关系并不复杂，孩子的问题更多是一些基本问题。孩子有各种不同的基本心理需求，比如需要建立关系，或者渴望得到认可。父母应该努力满足孩子的基本心理需求，帮助他们在成长的路上培养出原始信任，相信自己和他人。

著名心理治疗师克劳斯·格拉夫对这些基本心理需求，及其重要意义进行了研究。我在本书中引用了他的观点。

弄懂基本心理需求对了解自身和阴影小孩非常重要。因为这样做可以一举两得：一方面，基本心理需求的概念可以给大家建立起一个合理的体系，借助这个体系了解原生家庭的影响就比较容易。另一方面，体系可以帮助我们看清楚现实问题，因为这些问题实际上起源于我们童年在原生家庭中的经历。在整个生命过程中，人的基本心理需求都不会改变，身体需求也基本不会改变。这意味着：当我们觉得开心的时候，是因为基本心理需求得到了满足。当我们觉得不开心的时候，其实是一个或者数个基本心理或者身体需求没有得到满足，抑或缺少了某种东西。

我们的基本心理需求共有四种：

· 关系需求

· 独立和掌控需求

· 快乐需求

· 自我价值感和渴望被认可的需求

从事心理治疗多年，我知道，一个好的原生家庭，必须满足孩子四种基本心理需求，而我遇到的心理问题几乎都是因为在原生家庭中这些基本心理需求没有得到满足而导致的。麦克之所以愤怒，表面是因为萨宾娜忘记了他的香肠，但本质上是因为他在自我价值感和渴望被认可的需求方面受到了挫折。另外，他快乐和掌控的需求也没有得到满足。

当感觉到压力、困扰、愤怒和害怕时，其实是因为基本心理需求没有得到满足的结果。大多数情况下，没有得到满足的不仅仅是一项需求，往往是几种，甚至是全部需求。比如失恋，不仅意味着关系需求受到挫折，还意味着掌控需求遭受重创，因为我们已经没有办法对恋人再产生任何影响。同时，恋爱是幸福的，失恋还意味着快乐需求没有得到满足。除此之外，由于遭到拒绝，所以我们的自我价值感和渴望被认可的需求也受到了深深的伤害。正是因为如此多的基本心理需求没有得到满足，所以失恋才会让人感受到一连串的打击：孤独、羞愧、愤怒、自卑、失落和沮丧等。

不管遇到什么问题，只要对照这四种基本心理需求分析一下，就会发现这些问题的原因都十分简单明了。换而言之，如果从基本心理需求的角度出发，去分析哪些复杂的问题，再棘手的问题也将迎刃而解。比如，如果麦克能够意识到，萨宾娜忘了他最喜欢的香肠，这导致他自我价值感和渴望被认可的需求受到阻扰的话，实际上他就已经向前迈出了一大步。刺激源（被遗忘的香肠）和反应（愤怒）之间的粘连便开始剥离、分开。麦克会意识到，他之所以如此愤怒，其实是因为他渴望被认可的需求受到了阻碍。单单这种认识就可以帮助他远离过去的糨糊心理，他会因此怀疑：他的自我价值是否因为萨宾娜遗忘了香肠而受损。答案很可能是"没有"。一旦厘清了这一点，他会在下一次表现得放松一些，甚至还有可能产生这样的疑问：让自己如此敏感的原因究竟是什么？这个问题能够帮助他思考，直到他明白：这种被忽视，需求得不到满足的情况在他童年时期就出现了。他可能会回想起一些和他母亲在一起的场景。最终会发现，这完全跟萨宾娜无关，而是他和他母亲的关系让他产生了这些情绪。倘若能如此，他在解决问题、重建自我的道路上又向前迈进了一大步。

在解释怎样帮助麦克，或者说服你克服糨糊心理的束缚之前，我打算仔细分析一下这四种基本心理需求。

亲爱的读者朋友，请尝试着在阅读的时候发现，基本心理需求是如何影响你内心的阴影小孩和阳光小孩的。

第一种基本心理需求：关系需求

关系需求伴随我们的一生。在之前的章节中提到过，如果婴儿没有建立关系，就无法存活。如果父母在原生家庭中没有给予婴儿身体接触，婴儿可能会死。另外，从身体补给的角度来看，对关系和归属感的渴望是我们基本心理需求的一部分。关系需求非常重要，不仅体现在爱情和家庭关系上，当我们与朋友聚会，一起吃饭、喝酒、聊天，与同事相处，或者在公众场合表现自己，抑或是写一封信、打一个电话、发一封邮件和一个微信时，这都是在满足自己的关系需求。

童年时期的关系需求可能因为父母的忽视、拒绝或者虐待而受到遏制。忽视的范围非常广泛，比较轻微的情况是，孩子只是感到被忽视。比如说，一对夫妇有四个孩子，但是经济状况并不好，他们没有太多的时间和精力陪伴照顾孩子。比较严重的情况是，孩子会受到心理有问题的父母或者监护人精神或肉体上的虐待。

如果孩子的关系需求没有得到满足，就会对他的心理发展产生各种影响，并造成伤害。孩子受伤害的程度与被忽视的程度紧密相关。除此之外，还与孩子的天性有关，是大大咧咧，还是特别敏感。这些因素共同作用，最终决定情况的严重性，可能孩子只是出现轻微的自我价值感受挫，也可能会产生严重的心理障碍。同样是关系需求没有得到满足，关系能力遭受了破坏，但具体表现却有三种不同的情况：一种是孩子长大后变得孤僻，拒绝与他人建立关系，或者阻止某种关系的产生，成为孤独的局外人；一种是孩子长大后建立依赖性很高的关系，过度依赖伴侣或者其他人；第三种表现为以自我为中心，攻击他人，破坏和摧毁一切正常健康的关系。

第二种基本心理需求：独立和掌控需求

除了关系需求外，孩子还有追求独立的心理需求。当然，不光是孩子，成人更有追求独立的需求。对于年幼的孩子来说，他们不仅想要拥抱和食物，也想要发现身边的世界。他们有着与生俱来的探索精神。只要他们的能力允许，孩子们就会迫不及待地想要独立行动。如果他们在没有父母帮助的情况下做成一件事，会觉得非常开心和自豪。因此，就算是很小的孩子也想要"自己动手"。事实上，我们整个人生的发展就是在寻求独立，脱离对父母的依赖。

独立意味着能够独自掌控一些事情，而掌控一些事情，是为了让自己有安全感。相应地，失控则摧毁了我们对安全感的渴望。

人们说到"控制狂",一般是指这个人的行为总是以自我安全为中心,这实际上是由于受到阴影小孩的影响,内心觉得非常不安全。除了对安全感的渴望之外,独立需求还包括对权力的渴望。从出生起,我们就在努力影响身边的人和事,避免产生无助和无力的感受。我们影响他人的方式在自身的成长过程中会发生改变。起初,我们只能通过哭泣和喊叫获得别人的关注。后来我们的方式变成了复杂的语言以及行动。

孩子独立发展的需求会受到父母的阻碍和打击。那些控制欲很强、保护欲旺盛的父母会给自己的孩子规定许多条条框框,最终影响孩子的独立发展。孩子也会在成长的过程中内化这种不安全感,以及父母的过度控制。这样的孩子可能在以后的人生中经常受到限制,因为他们非常质疑自己的能力。

另外,那些出于好心而帮孩子扫清人生障碍的父母也在负面影响着孩子的发展。他们的孩子就算长大成人也并不独立,非常依赖父母。另一种极端的情况是,他们会走向反面,跟自己的父母决绝地划清界限,想要独立自由地生活,极力想要控制并实施权力,这或许就是孩子叛逆的根源。

对于上面这两种情形,有一个比喻很形象,也很恰当,说如果一位父亲是消防员,那么他的儿子常成为两种人:一是像父亲那样,成为消防员;一是对抗父亲,成为纵火犯。

题外话：独立性与依赖性冲突

我们一方面追求着关系需求，另一方面又想要独立自主，找到这两者之间的平衡是每个人都必须面临的挑战。这就是人类所谓的基本冲突，心理学称其为"独立性与依赖性冲突"。

在这里，我们可以将依赖性理解为关系，指的是孩子依赖于父母的照料和付出。只有父母与孩子建立了关系，这种照料才会发生。大多数情况下，这可能是父母中的一方，也可能是双方。如果父母准确并充满爱地满足了孩子身体和精神上的需求，那么孩子会在大脑中产生这样的认知："依赖性"不是负面情绪。这反倒给他们创造了一种安全的状态。关系在孩子的大脑中另存的名称是"安全和信任"。用专业术语来讲，就是孩子与父母之间建立起来的一种安全关系。

如果孩子和父母之间的信任度不高，这就会产生不安全的关系。受阴影小孩控制的人会因为这种不安全的关系产生严重的信任缺陷，而拥有阳光小孩的人会认为，信任自己和他人是一件简单的事情。

在好的原生家庭中，父母既要满足孩子的关系和依赖性需求，也要保证孩子拥有自由独立的发展空间。这样的原生家庭能够培养出孩子的原始信任，这是一种深层次的安全感，有了这种安全感，孩子不仅自信满满，并且对人与人之间的关系也充满信任。然而，如果人们在以后的生活中遭受诸如暴力和虐待这样的创伤后，原始信任也会受到破坏。但一般来说，原始信任一旦获取就会保持，并且会成为全部人生的力量源泉。对于拥有原始信任的人来说，生活可能比没有原始信任的人要简单得多。他们总是处在阳光小孩的模式中。不过，如果人们一开始就没有获得原始信任，那么也可以在以后的人生中进行补救。至于补救的方法，我会在接下来的章节中告诉大家。

如果一个孩子的关系需求或者独立性发展受到阻碍，那么他就会在自信以及信任他人方面出现困难。为了补救这种不安全感，孩子会无意识地寻找解决方案，也就是自我保护策略。这些策略会无意识地产生，要么过于独立，要么过于依赖，要么攻击别人。如果一个人内部的平衡被打破，向独立性需求一边倾斜，那么他对自由和独立的需求就会比正常人高很多。结果就是，他，也就是他内心的阴影小孩，会减少亲密的人际关系。他的阴影小孩会认为："其他人不值得信任，只有保持独立，才能感到安全。"这些人常离群索居，难以信任别人，也难以与他人建立亲密关系。他们害怕关系，不会让对方真正靠近自己，与其他人总是保持一定的距离，具体表现为无法谈恋爱，无法处理亲密关系，成为孤独的局外人，甚至孤独终老。

如果一个人内部的平衡偏向于依赖性，即被依赖性需求所控制，那么他对人际关系的需求会比一般人要高。他们依附于自己的伴侣和他人，觉得失去了依附的对象自己就没有办法活下去。这些人非常害怕独立和孤独，因为他们觉得自己一个人没有办法独立生活，只有依赖别人，才有安全感。

第三种基本心理需求：快乐需求

孩子的另外一种基本心理需求是追求快乐。成人也有着相同的需求。感受快乐的渠道多种多样，比如说吃饭、运动以及看电影都能给人们带来快乐。快乐和不快乐之间的关系是十分紧密的，它们也是我们动力系统的重要组成成分。简单来说，我们一直都在追求快乐，克服不快乐，即以某种方式满足我们的快乐需求。

学习调节快乐和不快乐是生存的重要环节。这意味着，人们必须掌握容忍沮丧、延长快乐和抑制欲望的能力。教育很重要的一部分在于，教会孩子处理快乐和不快乐的情绪。

有些父母严格限制孩子的快乐，而一些父母又过分放纵。在婴幼儿时期，满足孩子的快乐和关系需求之间有着非常紧密的关系。婴儿的感受实际上只分为两个部分：快乐和不快乐。不快乐包括饥饿、口渴、燥热、寒冷和疼痛。父母的任务就是，通过减少孩子不快乐的情绪，来满足孩子的需求，最终让他感到快乐。如果父母做得不够好，那么孩子的关系需求就会受到阻碍。

另外，在接下来的成长阶段中，孩子的独立需求和快乐感知之间也存在着紧密的联系。如果妈妈不允许孩子在吃饭之前吃棒棒糖，那么孩子会不高兴，另一方面，孩子会觉得自己的独立性需求没有得到满足。

如果孩子的快乐需求和独立性需求被过分管制的话，会导致孩子长大后屈服于父母的教育方式，他们的人生信条将会是反对享受，强制生活；或者朝着相反的方向发展，缺乏自律，过度沉溺于享乐。这意味着，在原生家庭中快乐的需求没有得到满足，孩子就会用更长的时间去追逐享受，以弥补缺失的快乐，其时间的长度很可能会延长到成年，甚至一生。

对于大多数人来说，找到满足快乐和抑制欲望之间的平衡是个不小的挑战。我们的意志力经常受到无处不在的挑战。我们去逛超市，就需要有能力压制自己的欲望。另外，意志力不仅要努力克制过度的快乐，还要克服不快乐。因为，我们每天都要做许多自己并不感兴趣的事情。大多数人的不乐意从起床开始，到晚上刷牙才结束。我们经常需要抑制自己的冲动，例如过多吃生冷食物、沉溺上网和泡吧。自律是成功人生的一个重要前提，可以让我们远离诱惑和歧路，坚定地沿着自己的路前行。

第四种基本心理需求：
自我价值和渴望被认可的需求

觉得自己有价值，渴望被认可是与生俱来的。

渴望被认可的需求和我们的关系需求有着紧密的联系，因为如果没有人认可我们，关系也就不会产生。我们对人与人之间关系的感知实际上是爱与认知的形式，这种需求能够给予我们强烈的存在感。我们之所以寻求认可，跟另一种场景相关：在婴幼儿阶段，我们通过父母的行为获悉，自己是否受到欢迎。

大卫·史纳屈是美国著名的心理学家，他把这一过程称为"镜像自我价值感知"，意思是，孩子通过父母的行为辨认自己是"好"还是"不好"，就像镜像反射一样。比如说，妈妈对孩子微笑，这个行为就像是孩子面前的一面镜子，给他的信息是，妈妈因为他的存在很开心。在父母的行为影响下，孩子有了自己的自我价值感。成人之后，我们对被认可的需求依然不减，期待从他人身上获取自身价值。这一点适用于所有人，包括那些在原生家庭中充分被认可，或者没有被认可的人。

在原生家庭中被认可的感受会形成一种自我价值感，并将影响我们的一生。如果人们的自我价值感比较脆弱，也就是说经常受到阴影小孩控制，那么他们对外界的认可需求就比较强烈。相反，那些内心长期处在阳光小孩模式中的人，对外界认可的需求则相对较少。

自我价值感相当于内部的核心，给我们提供心理资源，如果受到破坏，就会带来各种问题。我们在之前的章节中学到过，把自我价值感脆弱的部分归类于阴影小孩，把稳定的部分归类于阳光小孩。究竟应该如何加强阳光小孩的作用，减轻阴影小孩的影响，这便是本书的主题。

在原生家庭中，上述四种基本心理需求都会对成长中的孩子产生正面或负面的影响：阳光小孩和阴影小孩正是由此而产生。也许你在阅读的时候会想，我的父母有哪些优点和缺点，他们对我有什么影响？我有什么个性特点，这些特点又是如何形成的呢？你所想的这些问题，正是接下来要讨论的重点。

Das Kind
in dir muss
Heimat
finden

第三章

你现在的情绪失控，
都是原生家庭的痛

在原生家庭中，如果孩子的基本心理需求没有得到父母足够的重视和理解，那么，在以后的岁月里，他会采取一切手段，做更多的事情来弥补自己缺失的东西，以至于变得失去理智，情绪失控。

例如，独立和掌控需求没有得到满足的孩子，长大后缺乏安全感，就会通过控制别人来让自己感到安全。他们或者对权力充满变态的渴望，或者对自己的孩子严格控制，不让孩子有自己的空间和意愿。在他们看来，被自己控制的东西就像一根救命的稻草，只有紧紧抓住它们，自己才感到安全，而放手则会让他们感到惶恐不安。

所以，很多时候，你现在的情绪失控，都是原生家庭的痛。

乖孩子，很可能是因为在原生家庭中受了伤

如果父母爱的能力有限，或者缺乏共情能力，难以体会孩子的感受和愿望，那么孩子就会主动承担责任与父母建立起关系，并把自己的基本心理需求暂时放在一边。比如，经常被父母忽视或呵斥的孩子，会倾其所有讨父母的欢心，殷勤地去满足父母的愿望，以便让父母感到满意，或者至少不会让自己受到惩罚。为了更好地适应父母的要求，孩子会压抑自己与父母

要求相悖的愿望和感受，变得乖巧听话。为此，他付出的代价是不知道该怎样合理处理愤怒的情绪，在内心的冲突中，经常感到疲惫。换言之，这些孩子长大之后，会成为一个脾气好的好人，但内心却藏着一个憋屈的灵魂。

愤怒在生命中有着重要的意义，代表我们的底线和坚持。孩子不懂得愤怒，就容易在学校遭受霸凌。所以，如果孩子的自我坚持总是被父母的权威击溃，那么孩子慢慢就会认识到，比起坚持，抑制内心的愤怒更重要。由此，孩子也就没有办法学习如何处理这种情绪，也不会合理地坚持自己的想法。他会形成这样的内心信念，例如"我不能反抗""我不可以生气""我必须自我适应"以及"我不可以有自己的意愿"。即使孩子成长到青春叛逆期，能够反抗一些压力以及父母的期望，但是他还是会被束缚在父母规定的条框内，因为孩子的反抗行为和适应行为一样，都是不自由的，苍白无力的。

青少年以及成人内心的阴影小孩会一直受到父母的影响。由于这种影响，孩子很容易把别人当成主导者，或者权威人士。所以，乖孩子，很有可能是因为在原生家庭中受了伤，折断了成长的翅膀。只有当他真正认识到自己内心的阴影小孩，并消除这种深刻的影响和信念，才能真正地跟身边的人平等相处，开启自己的人生。

最深的孤独，是父母不懂你

　　如果父母不能设身处地考虑孩子的需求，他们就很难真正体会孩子的感受。这样一来，尽管孩子的想法是正确的，也经常会产生这样的情绪："我所想的和所感受到的都是错误的。"

　　实际上，那些能够理解孩子的父母，他们的孩子一般都能健康成长，而那些给孩子带来伤害的父母一般都特别强势，自以为是，缺乏共情能力，不会设身处地站在孩子的角度思考问题，总是将孩子推向孤独和恐惧的深渊。这些父母之所以会这样，其实是因为他们对自己的感受也很陌生。因为了解自己的感受是设身处地站在他人角度思考问题的前提。

　　例如，如果孩子因为其他小朋友不跟他玩而感到伤心，那么妈妈必须能自己体会到伤心这种感受，否则她就无法理解孩子的情绪和所遭遇的情形。如果妈妈自己对待这种情绪的方式是逃避和置之不理，那么她也会让孩子这么做。如果妈妈想不出其他办法，她可能会严厉地告诉孩子："别这么傻，有什么伤心的，你那个小朋友就是个坏蛋。"那么，孩子就会学到："伤心这种情绪不正确，另外那个小朋友是个坏蛋。"

　　如果妈妈具有共情的能力，很擅长处理这种伤心的情绪，那么她会让孩子接受并理解它。这时候她会跟孩子说："孩子，我能理解你今天为什么伤心，是因为约纳斯今天不想跟你玩是吗？"并且还会与孩子一道分析约纳斯拒绝和他一起玩的原因，是不是自己做错了什么事情，才导致了这个局面。通过这样的言行，孩子不仅知道这种感受的名字叫作"伤心"，还会知道在需要理解时，他不是独自一人，并且也会明白，人们会找到解决问题的方法。

父母设身处地的言行会让孩子学会如何识别，并归类情绪，避免糨糊心理。因为父母传达给他的信号是，他的情绪没有问题，于是他就会慢慢学会处理情绪，并用一种合理的方式调节情绪。

因此，父母设身处地思考问题的能力是教育能力的重要指标。也就是说，父母是否有共情能力，是孩子接受积极影响，或者消极影响的关键。

哪种孩子最容易在原生家庭中受伤

在 20 世纪 60 年代，心理教育学界涌现出这样的观点：孩子来到这个世界好比一张"白纸"，人类的性格和成长过程仅仅与环境影响和家庭教育相关。但是，随着神经生物学和遗传学研究的发展，这种观点在过去的几十年中被彻底推翻。现在人们知道，基因从根本上决定了一个人的天性，一个人是内向还是外向，都是基因说了算。

在这本书中，为了避免混乱，我将基因决定的那一部分叫作"天性"，而将在原生家庭中形成的自我保护策略，称为"性格"。一个人的天性是无法改变的，但作为保护外壳的性格却可以改变，也必须改变，才能露出真实的自我。

天性内向的人喜欢独自充电，他们在人际交往中的疲倦度比天性外向的人要高，因此他们并不十分需要频繁的人际交往。如果向他们提出一个问题，他们首先会从自己的角度出发去找寻答案，然后再表达观点。

天性外向的人能够边思考边表达观点，他们的表达往往让人大吃一惊，这可以说是好事也可以说是坏事。他们喜欢在人群中充电，不喜欢独自行动。他们比天性内向的人需要更多的外界刺激，这样会让他们感到振奋，兴趣也会因此提升。而天性内向的人对刺激的接受程度更敏感，因此跟外向的人相比，刺激更容易给他们造成伤害。

由于天性外向和内向的人有着不同的交流需求，所以他们在工作风格上也不一样，这对他们从事什么样的工作也会产生影响。总的来说，内向型的人会选择安静的工作，工作的跳跃性不会太强，这样他们可以长时间（数小时或者数天）投入到自己的工作中。而外向的人喜欢与外界交流。他们要么选择能够满足自己交流需求的工作，要么在努力工作之后，寻找虚拟或者真实的人际交流，以便能够及时充电。

如果一个人天生是外向的，那么在独处的时候，他很快会觉得孤单无聊，这跟他受到的教育无关，与原生家庭无关，也与阴影小孩和阳光小孩无关。

另外，我们的敏感性和恐惧心理也是与生俱来的，这决定了我们的自我价值感。有些孩子的脾气天生比其他小孩暴躁，有些孩子天生敏感，也有些孩子天生就大大咧咧，不敏感。不敏感的孩子也不容易受到伤害。研究表明，在原生家庭中"未受伤小孩"的数量甚至达到了百分之十，艰难的童年岁月对他们基本没有造成伤害，他们的自我价值感也比较完整。相反，那些天性敏感的孩子，很容易在原生家庭中遭受伤害。

原生家庭对孩子的影响程度与孩子以及父母的个性发展相关。心理学家把这一现象称为"父母孩子吻合度"。比如说，如果一个天生十分敏感的孩子遇上了不会设身处地思考的妈妈，这样的吻合度会让孩子更受伤，而如果这样的妈妈配上"厚脸皮"的孩子，那么情况会好很多。类似的情况还有，如果孩子天生吵闹或者多动，那么父母就很难和颜悦色地去教育孩子，而文静的孩子，父母教育起来就相对简单多了。

天生多动的孩子很难控制自身过剩的能量，这会导致他经常冲撞其他人。因此他经常会从别的孩子和老师那里收到这样的批评和指责：你这样不对，你总是不礼貌，你是个坏孩子！这种情况下，尽管父母很有爱心，但孩子中的大多数自我价值感都偏低。这说明，给孩子造成影响的不仅仅是父母，还有其他人，例如同学、老师和祖父母。

　　童年受到的影响不仅与原生家庭的教育相关，还依赖于许多不同因素的相互作用。但是原生家庭在这个过程中起着举足轻重的作用。父母在家中溺爱孩子，这个孩子就容易受到周边人的影响，特别是负面影响。父母对孩子的照料无微不至，当这个孩子在学校里受到其他同学的讥笑时，他就不知道该如何应对。

阴影小孩和他的信念

　　想要解决自己生活中的问题，就必须深层次地去探究我们的问题到底出在哪里。与内心阴影小孩的对话非常重要，这样我们才能知道自己的痛点，也就是内心触发器的位置在哪里。很多人都想逃避阴影小孩，不想去感受内心的伤痛和恐惧。这是一种非常自然的自我保护模式，也在常理之中。有谁喜欢伤心、恐惧、无助，甚至是绝望的感觉呢？我们总是想要逃避这种感觉，去接受积极的情绪，例如幸福、快乐和友爱。因此，很多人都在排挤他们内心的伤痛。换句话说：当一个人的内心小孩想要与他对话时，他会置之不理。但问题是，阴影小孩和现实生活中的孩子一样：父母的重视程度越低，孩子想要的关注就越多。这是一种恶性循环。相反，如果一个孩子得到了足够的重视，那么他就会心满意足地离开，还会单独玩耍很长时间。

内心阴影小孩的情况也相似：如果他的恐惧、羞耻或者愤怒从未得到倾诉和表达，从未被人理解，那么这些情绪就会潜伏在他的心底，在成人自我没有察觉的情况下，慢慢演变成伤痛，出现类似麦克经常会经历的事情：那个不开心的、受排挤的阴影小孩会经常愤怒，并把他的怒气转嫁至其他人身上。

内心的小孩会受到内心信念的影响，这种信念经常替感受的探路开道。我在前面的章节中说过，信念是一种根深蒂固的观念，会影响我们的自我价值感，以及与他人的关系。打个比方说，如果一个小孩得到父母的宠爱和欢迎，那么孩子便会养成这样的信念——"我是受欢迎的""大家都很爱我""我很重要"，这些信念会让他内心的小孩变得强大。如果父母对孩子的态度是冷酷拒绝的，那么孩子也会产生负面的信念，例如"我不受欢迎""我是个负担""我得不到足够的爱"，等等，这也会影响他的阴影小孩。尽管信念产生于原生家庭，但是它们却深深扎根在我们的潜意识层面，并会变成成人阶段的心理模式，对我们的认知、感受、思考和行为方式产生巨大的影响。

我想借助麦克和萨宾娜的例子来阐明信念的工作原理：我提到过，在原生家庭中，麦克的母亲很少重视麦克和他的愿望。麦克还有一个弟弟和妹妹，他们的父母经营着一家面包店。麦克的母亲根本没有那么多时间和精力让每个孩子都得到重视和关注，尽管这些对孩子的成长非常重要。他的父亲也没有办法弥补母亲在这方面的欠缺，因为他得一直工作。由于麦克缺少父母在情绪和心理上的支持，所以他在关系需求、自我价值感和渴望被认可的需求上一直受到阻碍。在这样的情况下，他养成了另一种信念，这种信念是"我得不到足够的爱""我并不重要"。这种信念至今仍然在潜意识里影响着他的认知。在感受不到重视的时候，他内心的小孩就会怒吼："又来了，我总是得不到足够的重视和爱！"这种信念会迅速让他陷入一种自我臆想中，臆想萨宾娜如何无视他，忽略他的愿望。也就是说，诱使麦克发怒的真正原因并不是实际发生的事情，而是他的信念。

另外一边，萨宾娜的父母虽然对她很照顾，却对她提出了很多要求。她的父母严格规定了正确和错误的界限。萨宾娜总是有这种感觉，她永远不能让父母满意。他们经常批评她，很少表扬她。她的自我价值感和渴望被认可的需求没有得到满足，她独立和自由发展的需求也受到了抑制。萨宾娜的内心小孩表现出这样的信念——"我不符合要求""我必须要适应"。现在人们便可以理解，萨宾娜和麦克的内心小孩是如何彼此影响的。麦克，或者说麦克的内心小孩总是愤怒，他经常过度批评萨宾娜的小过失，这深深打击到了萨宾娜渺小、自卑并缺少自由的内心。她的阴影小孩会愤怒、哭泣，反唇相讥，这会导致两人之间的争吵不断升级。

信念就相当于心理上的操作系统，也许它听上去简单易懂，却凭借着自己无穷的力量将过去粘连到现在，并通过阴影小孩和阳光小孩深刻地影响着我们。

信念是我们看世界的眼镜。

因此，研究信念就显得格外重要。

阴影不仅来自伤害，也来自溺爱

孩子的消极信念不仅产生于原生家庭的忽略、斥责和伤害，也产生于过度保护。

过度保护，就是溺爱。在那些溺爱孩子的原生家庭中，父母会给孩子留下这样的信念：所有的一切都必须按照自己的意愿进行，并不需要为此付出多少努力。这种信念会让他们高估自身的重要性，理所应当地认为，自己可以得到想要的一切。如果事情没有照着他们所想的发展，他们会非常伤心和愤怒。

在原生家庭中，如果一个孩子受溺爱的程度太高，他对悲伤的容忍度就比较低，无法忍受哪怕是程度很低的沮丧，缺乏适应能力。他们没有学会如何融入并适应这个社会，因为他们一直都是父母的小皇帝或是小公主。他们的信念可能是："我很重要""我一直很受欢迎""我想要的我都能得到""我有权得到所有东西""我比其他人都强""我最棒"。这些信念会导致这些孩子在幼儿园、学校或者长大成人后出现适应性障碍，他们经常会得罪身边的人。当他们喜欢一样东西却遭到拒绝时，他们会感到绝望，因为他们不习惯没有得到自己想要的东西。

或许，有一天，他们会认识到，天下没有免费的午餐，必须付出努力才能得到想要的东西。在少数情况下，他们能够很好地融入社会并获得不错的成绩，但一旦失败，他们将难以承受这种结果。

批评父母，是为了认识自己

我经常会碰到这样的事情：一些人爱自己的父母，感激父母为他们做的事情，当他们向我说一些父母不好的行为时，会感到愧疚，觉得自己背叛了父母。

在此，我想强调，这不是在否定父母的心血，或是想让他们为自己在成人阶段的问题负责任，而是想要深度了解父母对自己的影响。我们只有了解自己的过去，才能看清现在，并将过去留在过去，重建自我。

另外我们必须要明白，我们的父母也会受到他们父母的影响，他们也是他们父母教育的牺牲品。以我为例，我的父母非常爱我。我完全是父母所盼望的那种孩子，我的童年也充满着美好的回忆。但是我母亲的性格十分软弱。她是九个兄弟姐妹中的老大，当她 11 岁的时候，第二次世界大战爆发，这让她变得更加软弱。她必须要生活下去。由于她并不擅长处理负面的情绪，例如悲伤，所以在我伤心的时候，她有时会感觉到无能为力。正是因为如此，我便滋生出了这种信念："我必须强大"或者"哭泣是难堪的"。做父母是不容易的，就算是再爱你的父母也不可能是完美的，或多或少都会对你造成伤害。

父母的形象会深刻地影响到孩子，认识到这一点非常重要。例如，一个女孩的妈妈非常爱她，但是有点软弱，她总是迁就强势的父亲，那么这个女孩就会因为妈妈的形象形成这样的信念："女人是软弱的""我必须迁就其他人""我不可以反抗"。或者，她会跟自己母亲的信念划清界限，走向反面，形成诸如"我必须反抗""我绝不妥协""男人是危险的"等这样的信念。

另外，孩子从小在原生家庭中观察到的标准和价值也扮演着重要角色。如果一个家庭虽然十分有爱，但是性关系准则很严苛，这也会影响到孩子，以后他会难以正常对待自己的身体以及性欲。就算是那些对自己父母心存感激的人也会产生一些信念，而这些信念会给他们现在的生活带来困难。

一些人对父母的看法并不客观。比如说，他们会因为父母的一方而戴上有色眼镜去看待另一方。如果母亲总是当着孩子的面哭诉"可恶的父亲"，那么孩子就会以母亲的眼光去看待父亲。由于我从事家务法庭检察官多年，所以我知道这种行为对孩子有着多么深刻的影响，即使很多孩子长大成人后，也不能原谅自己的父亲，与父亲的关系很差，甚至没有任何关系。与此同时，如果父亲挑拨孩子与母亲的关系，情况也一样。

至于很多人对父母缺乏客观的看法，这还可能与孩子美化父母的倾向相关。孩子需要无条件地信任父母，并认为他们是完美的，否则他们会感到害怕，害怕自己所依赖的人不可靠。有些人直到成年还保持对父母的美化形象，这让他们难以现实地看待父母。父母的现实形象应该包含优点和缺点。如果成年后还是透过美化的眼镜看待父母，那么我们就不会健康地独立生活。如果我们不离开他们，就难以寻找到重建自我的路。认识自己，是我们个人继续发展的前提。而要认识自己，首先就应该找到父母尽可能现实的形象。现实的形象与深刻的好感并不冲突。我们爱自己的父母并珍惜他们的现在和过去，但这并不意味他们是完美的，是不会犯错的。所有生活中的爱都是类似的：如果我所爱的是完美的，那么这就不是真正的爱。

题外话： 基因决定我们
更容易忘记愉快、记住伤害

说起记忆，那些为数不多的消极事件更容易在我们的记忆中留下深刻的印象，而那些愉快的经历却总是被忽略。

我们生来对坏消息的记忆就比好消息要深刻，记忆时间也要长。究其原因，在生存的过程中，警惕危险比记住美好的回忆更加重要。

比如说，石器时代的一家人正其乐融融地享受家庭乐趣，

就在这时，一只剑齿虎突然出现，此时生存对他们来说才是最重要的，他们会将刚刚玩耍时产生的快乐情绪迅速转换成恐惧和害怕。大脑必须迅速地将快乐的电路循环转换为恐惧的电路循环，这样一家人才会出于恐惧迅速逃跑，逃出生天。

对原始人类来说，记住有毒的植物比记住没毒的植物更重要。因为这种错误会导致人丧生。所以，我们的大脑天生就会去注意错误和缺陷。不过，虽然人类大脑的这个特征能够保护生命，却也会导致我们陷入错误的感知中。眼睛紧紧盯着事情的阴暗面不放，特别是当我们处在阴影小孩的模式中时，这会表现得更加明显。这也解释了为什么我们总是容易想到令自己伤痛的经历，多年以后还会为之前发生的一件尴尬事感到羞愧，就好像这件事发生在昨天一样，而相对来说，美好的事情却会很快褪色泛黄。

这种基因的负面影响是，一个人的负面经历会凌驾于千千万万的正面感受之上。如果你下一次想生你朋友或者其他人的气时，请有意识地回忆一下你曾经跟这个人留下过的很多美好经历，不要生气后陷入这种负面情绪无法自拔。

Das Kind
in dir muss
Heimat
finden

第四章

凝固的信念，情绪的深井

你一定想知道自己的信念是什么，不过，在这之前，我想告诉你，原生家庭中形成的信念是如何深刻影响感受，并成为情绪的深井的。

信念，通过原生家庭铭刻进潜意识中，就像井底之蛙一样，限制了我们的感受，这一点从麦克和萨宾娜的例子就能了解。在潜意识中，麦克的信念是"我得不到重视"。带着这样的信念，他看不见另外的天空，只对蔑视自己的言行高度敏感，以至于捕风捉影，把萨宾娜无心的疏忽当成了对自己的不尊重，从而陷入恼羞成怒的情绪深井中，无法自拔。

从根本上来看，信念是一种想法，而想法会影响感受。例如，如果你认为一个人非常优秀，内心就会产生自卑的感觉。与此同时，感受也会影响想法。如果某一天，你心情很好，感觉自己很强大很成功，当你再次看到这个人的时候，你可能会认为自己与他差不多，甚至比他还强。

偶尔一次想法并不能形成信念，可是当这个想法不断被一次次经历和感受重复印证之后，它便会在大脑中凝固成信念。想法是短暂的，当一种想法在原生家庭中不断出现，并凝固成信念后，我们的感受和情绪就会被它所控制，失去自由。

总陷入同一种感受，是因为有凝固的信念

信念把人凝固在同一个角度，从这个角度，只能看见信念内的东西，不断陷入同一种感受。对信念影响感受的套路了解得越深入，越能从内心深处入手，改变自己看待事物的方式和角度。随着方式和角度的转变，我们就能觉察到问题的根源，也就是那些构成问题的负面信念、感受和想法。不这样做，我们永远也无法摆脱它们的纠缠，并从原生家庭中突围出来。

我想再一次借萨宾娜的例子来解释这一点：当麦克朝她怒吼时，她很快陷入自己阴影小孩的认知模式中。这是她最习惯的套路。她的阴影小孩会产生这样的想法：麦克高大优越，有权评价她、支配她，就如同独裁的父母。虽然萨宾娜并没意识到自己有这种想法，但她潜意识中的阴影小孩却坚持这种想法，甚至还把想法凝固成如"我不够好""我必须自我适应"的信念，这种信念会左右她的感受，让她感到沮丧、渺小、没有价值，并因此感到愤怒。

如果萨宾娜转变角度，处在成人自我或者阳光小孩的模式中，那么，她的想法会完全不同，她会认为自己与麦克的地位

是平等的。这种想法会让她发现麦克处在阴影小孩的模式中，他的愤怒实际上跟她一点关系都没有，如同小孩子乱发脾气。如果是这样的话，麦克的愤怒便不会让她觉得自己没有价值，她会冷静地面对这些。虽然麦克这种不成熟的行为可能会让她生气，但只要萨宾娜不发生认知粘连，参与争吵，保持冷静，麦克也会很快平静下来。麦克冷静下来之后，他就会转换到成人自我的模式，很快意识到自己这么做太过夸张，接下来他会准备向萨宾娜道歉。所以，只要萨宾娜保持冷静，麦克的怒火最多持续五分钟。

现在，肯定有不少读者会想：明明是麦克在胡作非为，为什么要让萨宾娜改变自己的行为？这是典型的"责任问题"。我在进行心理治疗时经常碰到这样的问题，特别是在伴侣之间。伴侣的一方总是希望对方改变，因为他认为某些问题经常出现，明显是对方的责任。萨宾娜也会有这样的想法，但是她没有办法影响麦克的行为。她最多是恳求他改变，或者给他压力促使他改变。但这种做法是否有效，并不取决于萨宾娜。事实上，我们唯一能够影响的人是我们自己。如果萨宾娜非常想要改变这种情况的话，她必须改变自己。而要改变自己，则必须结束糨糊心理，改变自己看待事情的角度，摆脱原生家庭中阴影小孩的套路。

童年的经历，比所有的理智思考都真实

　　原生家庭对人的影响之深是无法估量的，不从阴影小孩的认知粘连中跳出来，很难认识到这一点。我每天都有这样的经历，尽管一些人的成人自我已经认识到原生家庭所受的影响，但是他们仍然处于老套路当中。童年时期，人们在原生家庭中和父母在一起留下的经历比所有理智的思考都真实。

　　关于这一点，我的一个来访者给我留下了深刻印象：58 岁的 B 女士，童年时遭受过邻居性侵。她把这件事告诉了自己的妈妈，然而妈妈并不想承认这件事，于是她告诉女儿，要对这个男人礼貌一些。性侵和家庭的忽视给 B 女士带来了严重的创伤，并凝固成了这样的信念："我只能任人摆布""没有人会保护我"，以及"男人是危险的"。长大之后，她本能地会对一些男人产生恐惧。B 女士来我这里之前已经接受了 10 年的心理治疗，其中包括创伤治疗，她的许多问题已经得到了解决。但是，尽管她接受了很多年的治疗，但她对男人的恐惧并没有消失。在我这里接受治疗时，她也没有真正摆脱这种情绪。中间发生了一件事让我感到很震惊：在一次治疗的时候，我发现，她的阴影小孩并没有意识到，当时的凶手早就死了，她现在已经长大成人，并且不是所有男人都是强奸犯。我对此非常吃惊。我原本以为，她早就对这点了然于心，遗憾的是这条重要的信息只存在于她内心的成人当中，而她的阴影小孩还活在50年前的那个世界中。后来，当她的阴影小孩接受了这个事实之后，她才真正意识到，暴行已经过去，她没有必要害怕了。在这次治疗后，B女士慢慢就痊愈了。

不仅是B女士的阴影小孩生活在童年的世界里，实际上，我们每个人的内心小孩都生活在过去。虽然一些人童年时期在原生家庭中受到过许多积极影响，并且拥有原始信任，心中的阳光小孩也在健康成长，但他们同样适用于这一点。不管是阳光小孩，还是阴影小孩，他们都会用过去童年的经历解读今天遇到的事情。对于阴影小孩来说，他们的问题是内心充满了不安全感，对现实感到恐惧和焦虑；对于阳光小孩来说，他们的问题则是戴着童年天真烂漫的眼镜看待当下发生的事情，很多时候，他们正面的童年形象会让他们变得天真，容易轻信他人。所以，童年非常幸福的人长大以后总会经历一些残酷的事情，到那时，他们才知道，外面的世界并不像父母那样友善。但令人感到欣慰的是，一般来说，由于自我价值感良好，所以在大多数情况下，他们都能够很好地处理这种现实冲击。相比起来，阴影小孩给我们带来的问题要多得多，他们对自己和世界产生很多负面影响。因此我们首先从阴影小孩着手。

阴影小孩的信念，情绪风暴的起点

我们已经知道，阴影小孩的信念会给我们带来一堆问题，会深刻影响我们的感知，而感知又支配着我们的情绪，反过来，情绪也会影响我们的感知。

如果我们像麦克和萨宾娜那样认可自己的阴影小孩，那么就会被阴影小孩的情绪所操控，而阴影小孩的信念则会进一步影响我们的认知，也就是诠释现实的方法，这种信念会迅速与情绪粘连叠加，一浪高过一浪，共同产生影响。现在，就让我们具体来看一看——

萨宾娜忘记给麦克买香肠，麦克首先会被阴影小孩的信念所影响，这些信念是"我得不到足够的爱""我不重要"；接着，阴影小孩会把这种行为诠释为"萨宾娜不够爱我，她从来不重视我的愿望"，这种诠释会迅速直接地导致他产生受伤的情绪，并感到非常愤怒；最后，愤怒的情绪让他产生吵架的行为。

但值得注意的是，这种信念—诠释现实—情绪—行为的连锁反应是在麦克无意识的情况下产生的。他能够意识到自己的愤怒，也能牵强附会解释愤怒的原因，但并不知道真正的始作俑者是谁。他对自己的信念一无所知，也不知道，他受伤的情绪发生在他的愤怒之前。这就是问题所在：不同的情形和遭遇会迅速让我们产生情绪，这种情绪会"占据"我们，并控制我们的思考和行动。这种情绪可能是愤怒、伤心、孤单、害怕、嫉妒，也可能是快乐、幸福和爱意。就算是情绪暂时缺席，例如，有时我们遇到一些特定的场合，内心会变得空荡荡的，这也符合上面所说的这种模式。尤其是愤怒、害怕、伤心和嫉妒这些情绪会严重妨碍我们对自己的认识，以及与他人的关系。

也许现在你会反驳，认为这是一种合理的愤怒和伤心，你觉得这跟受伤的阴影小孩没有关系，而外部的环境才是罪魁祸首。例如，你因为亲人去世而伤心，你因为受到不公平对待而愤怒。这完全正确。并不是所有情绪都跟阴影小孩或者阳光小孩有关。同时这些情绪也并不会给我们造成很大的问题。亲戚朋友去世，自然会感到伤心，这是十分正常的情绪反应，我们对自己的反应并不会感到惊讶。同样，你遇到高兴的事情，感到开心和幸福，这也是完全合理的。每个人都拥有这样的情绪。正常情况下，这些情绪不会给我们带来问题，因为我们的反应与客观事实相符，没有夸大其词，反应过激。

但是，如果像麦克和萨宾娜那样透过内心阴影小孩所产生的情绪就不是对现实的反应，在情绪上是一种发泄，在认知上是一种粘连和扭曲。这些情绪的"根"源于原生家庭。如果我们想解决这些问题，就必须深入进去，了解其中的盘根错节。

阴影小孩、成人和自我价值感

内心的小孩和他的信念，是以自我价值感为核心构筑而成，诸如"我很有价值"，或者"我一点价值也没有"，并以此形成我们的中心情绪。所谓中心情绪，是指深层的情绪，只有深入潜意识，才能触碰到这种情绪，知道我们是否受到世界的欢迎，以及我们是开心还是悲伤。

原始信任和原始信任的缺失是身体中的深层记忆。大多数情况下，我们不会意识到这种感觉，却很容易唤醒这种感觉。那些缺少原始信任的人总觉得自己没有安全感，甚至觉得自己没有价值。时常处于阴影小孩的模式中。而那些拥有积极信念的人具有原始信任和完整的自我价值感，所处的阳光小孩模式也是积极向上的。当然，这并不意味着，他们一直充满自信和安全感，他们的阴影小孩也十分活跃，人生也会有悲观阴暗的时候。不过，他们的阴暗时间不会持续太久，因为他们的阳光小孩充满积极信念，体格要比阴影小孩强健很多。换句话说，他们的伤口会很快愈合。而对于那些缺乏安全感的人来说，只要伤口上撒上一粒盐，便会痛不欲生，难以愈合。

自我价值感的"所想"部分是我们的理智，即内心的成人。

比如说，尽管阴影小孩觉得自己很渺小，但是理智却会告诉我们，自己在人生中已经完成了许多事情，完全可以为自己感到骄傲，我们自己实际上是出色的。我跟来访者讨论自我价值感这个问题时，他们经常会说这样的话："我其实知道，我完全应该对自己满意，但是我的内心深处并不这样想！"另一部分人完全认同自己的阴影小孩，认为自己不够优秀。即使他们利用自身成熟的理智也没有办法摆脱阴影小孩的影响。而其他的人则认为，他们自身的自我价值没有任何问题，他们被理性思想所控制，把阴影小孩挤压在自己身体当中。麦克就属于其中的一员。如果有人询问他的自我价值感，他的回答是没有任何问题。他把受伤的自己挤压进身体内部。相反，萨宾娜总纠结于自己的实际情况和臆想的不符，因此她认为，自己的价值感是脆弱的。

每个人都有思想和感受相悖的经验，并经常被这些情形困扰，例如，我们常常会说这样的话："我知道……但我就是没办法去改变。"还例如，聪明的内心成人很清楚，健康的饮食对他更好，但是内心的小孩却无法抵挡甜食的诱惑，因此他经常只能卸甲投降。特别是在食物以及生活需求方面，人们更加难以抑制这种贪婪的感受，也很难做到像成人自我一般理智成熟。

不管在自我价值感还是在其他方面，阴影小孩和内心的成人并不总是意见一致。很多人都有这样的经历，他们的阴影小孩拥有很强的执行力，总是想在思考、感受以及行动上拔得头筹。但是随着对阴影小孩及其影响的了解程度加深，我们的内心成人会慢慢调整阴影小孩并掌握领导权，有意识地进入阳光小孩的模式中去。

Das Kind
in dir muss
Heimat
finden

第五章

进入原生家庭，认识阴影小孩

下面，我打算跟大家一起进入原生家庭，认识阴影小孩。

认识阴影小孩非常重要，可以辨认内心所受的负面影响，改变与之相对应的行为和想法。

我很清楚，鼓励研究阴影小孩和其带来的负面影响，的确给大家提出了很高的要求。但是这种方法是建立在整个心理逻辑的基础之上，即我们想要摒弃阴影小孩，首先必须认识原生家庭，接纳并理解阴影小孩，然后激发出自身的阳光小孩，让他用一种友爱的方式引导并纠正阴影小孩。

练习：发现你的信念

你需要至少一张 A4 大小的纸来完成以下练习题。为了帮助大家，在这本书的封面折页中有一个示例。你可以参照这个示例填写。

请在这张纸上画一个孩子，性别和你一样。这个剪影便是原生家庭中的阴影小孩。请在这个孩子脑袋的左右两边分别写上爸爸妈妈，或者童年在原生家庭中你对爸爸妈妈的称呼。如果你小时候没有跟父母住在一起，那么请写上照料你的人的名字。请写上一个人名，这个人必须是在 6 岁前照料你的人。我的建议是，不要把这个看得太复杂，只需要写上最亲近的照料人，不要把整个家庭都写上去。

1. 请回忆一个发生在你跟爸爸妈妈之间的真实情景，当时你非常不高兴，很生气。你可能觉得自己被忽视了、被伤害了，或者被侮辱了。但是妈妈并没有理解你、支持你。你可能会觉得自己的需求没有得到满足，自己的困难也没有被人感同身受。

2. 现在，请用几个关键词进行描述。你的妈妈是什么样子的？也可以形容一下爸爸或者其他亲近的人。主要描述他们负面的性格要素。关于正面的性格要素我们会在阳光小孩那一章节进行讲解。

负面的性格要素很多，比如说：古板的、冷漠的、负荷过重的、拘谨的、保护过度的、漠不关心的、软弱的、娇生惯养的、过分顺从的、前后矛盾的、缺乏独立性的、以自我为中心的、反复无常的、喜怒无常的、令人捉摸不透的、贪权的、忧心忡忡的、自夸的、傲慢的、过分严格的、缺乏理解力的、冷酷的、心不在焉的、吵闹的、咄咄逼人的、暴虐倾向严重的、粗野的。

3. 那么思考一下，你在原生家庭中是否担任特定的角色？这种角色就像一种隐形的任务。比如，有些小孩的任务就是努力让爸爸妈妈为他感到骄傲，或者他们认为自己是父母的调解员。有些小孩觉得自己应该成为妈妈的好朋友，或者让爸爸妈妈开心等。回忆一下童年时期经历过的不愉快的经历，当时你可能觉得不开心，并思考那时自己的角色是什么，自己的隐形任务又是什么。

4. 除此之外，你也可以写下爸爸妈妈嘴边一直念叨的话，例如："我为什么这么不开心，都是因为你""你看看××多么勤奋好学，你再看看你自己……""你一事无成"。请把这些关键词写在爸爸妈妈边上。

然后，在孩子剪影的头部把爸爸妈妈用线条联系起来，并写上他们之间关系不好的地方。例如："经常吵架""已经分居""妈妈在家有决定权，爸爸太过软弱""爸爸妈妈已经分手了"。

5. 如果你记录下所有内容，那么你就能体会阴影小孩的感受，跟他建立联系，并了解爸爸妈妈的行为对你造成的影响，将潜意识层面的负面信念表现出来。当你是个孩子的时候，爸爸妈妈的行为塑造了你哪些负面信念呢？当然，这不一定是他们想要传达给你的信念，而是你作为孩子所接受到的信念。我经常会重申，孩子没有能力批判性地鉴别父母的行为，在他们的眼里，不管这种行为是好是坏，他们只会照猫画虎般地全盘接受：妈妈总是很友爱，她的心情总是很好，那么孩子的感觉就是，妈妈对他很满意，妈妈很爱他。如果妈妈经常感觉压力很大，容易生气，那么孩子就会感到自己是妈妈的负担。在大多数情况下，孩子认为自己要对爸爸妈妈的心情负责，并会由此产生自己的内心信念。

在这里需要强调的是，孩子的感受尤其重要，即使爸爸妈妈充满爱的行为，也可能让孩子感受到害怕和恐惧，并形成消极信念。

为了帮助你找到个人信念，我给你一张信念清单。这张清单肯定不完整，却可以给你灵感，寻找自己的信念。正如已经说过的那样，我们首先集中探讨负面信念，积极信念以后再谈。

重要的是，信念应当拥有特定的表述方式，例如"我是……"或者"我不是……"，"我能够……"或者"我不能够……"，"我可以……"或者"我不可以……"。这些话语可以是对于生活的一般看法，比如"男人是软弱的""社交是危险的""争吵是分手的前兆"。

很多感受并不是信念，例如，"我很伤心……"，伤心这种感受一般是由"我无用"和"我无能"这些信念产生的。像伤心、害怕、快乐等感受都不是信念，而是由信念产生出的情绪。还例如"我想要变得完美"也缺乏目的性，这一般是"我不够优秀"这种信念所产生的意图。

我罗列出以下一些信念的范例，尽管并不完全，但是它们可以帮助你找到自己的负面信念。大多数情况下，第一个出现在你脑中的信念便是准确的。如果你浏览下面的清单，请关注自己的第一感觉：哪些信念会对你产生那些情绪？

直接与自我价值感相关的负面信念

我毫无价值！

我不受欢迎！

我不值得别人去爱！

我太糟糕了！

我太胖了！

我不够优秀！

都是我的错！

我太笨了！

我不重要！

我什么都不行！

我不应该这么敏感！

我吃亏了！

我身份低微！

我是个失败者！

我错了！

……

与爸爸妈妈相关的负面信念

我是个负担！

我得为你的心情负责！

我没法信任你！

我得一直小心翼翼的！

我得考虑你的感受！

我总是身处劣势！

我力不从心！

我很无助！

我听任你的摆布！

你不爱我！

你恨我！

我让你失望了！

我不受欢迎！

……

当与爸爸妈妈出现冲突时，产生的解决式的负面信念（这类信念会形成自己的保护策略）。

我必须乖巧可爱！

我不应该反抗！

我必须什么都做对！

我不应该有自己的想法！

我必须要适应别人的想法！

我必须独立完成这些事！

我必须要强大！

我不能有任何弱点！

我必须是最棒的！

我必须带着好成绩回家！

我必须一直待在你身边！

我不能辜负你的期望！

我就是摆脱不了！

……

通常情况下的负面信念

女人很软弱！

男人很可恶！

世界很糟糕、很危险！

不管怎样，事情都这么糟糕！

讨论没有任何意义！

与信任相比，控制更好！

请把相应的信念写在你所画的小孩剪影的肚子上（请参见书前面的封面折页）。

除了那些命运的打击之外，所有因你自身参与进来的问题，我们都可以归结为负面的信念。因此，不管你是因为工作上的问题、人际关系问题，还是你的生活规划出现了偏差，所有这些问题实际上都与你的负面信念相关。也许你的问题表面上看上去不一样，很复杂，但仔细研究，会发现问题的基本结构实际上非常简单。这本书的主题和重点就是帮助你去认识并改变这个基本结构。

如果你现在已经记录下你的那些重要信念，那么我们可以开始第二步。

练习： 感受你的阴影小孩

在接下来的练习当中，我们尝试着有意识地感受那些负面信念给你带来的感受。这些感受会快速并顽固地把你拽入死胡同。如果你现在身处阴影小孩的模式中，并且这种信念又开始发挥作用，比如他会说："你毫无价值！"那么就会出现一种特定的情绪，使你感到十分沮丧。我们对这种情绪认识得越快越深刻，便能越好地调节这种情绪，使得这种情绪发生的概率降低。

我们所有的情绪，不管是快乐、爱意、羞愧、害怕还是悲伤，都有一种身体上的感知层次。尤其是害怕这种感觉，你可能一下子就能理解：当你害怕时，你会心跳加速，膝盖发软或者手脚发抖。即使情绪波动不如害怕强烈，也会带来身体上的感受，否则你就没办法感知到这种情绪。因此很多人在悲伤的时候会觉得喉咙发紧或者胸部有压迫感，而高兴的时候会感觉眉开眼笑，胸部敞开。尽管我们经常对这种感知没有意识，不习惯关注它们，但是每种情绪在我们的身体层面都有着自己的表达方式。

你可以回忆一个自己很快乐的场景，试着关注情绪在身体上的表现。这个场景必须是你非常开心的时刻。然后你完全投入到回忆当中去，在这个过程中，你闭上眼睛，用你所有的感官（视觉、听觉、嗅觉、味觉和感觉）去感受。然后体会，这次回忆在你的胸腹部产生了什么样的影响。一般来说，被爱环绕的时候，在感知层面会是这样的：胸部暖暖的，腹部犹如一阵清风吹过，听到心跳的声音……

找到你的核心信念

现在我希望你再把那张写满信念的清单拿到面前，一条一条地再阅读一遍，最好大声朗读出来。

挑出一到三条最契合你情况的信念。这些便是你所谓的核心信念。

你可以问问自己，什么时候会失去自制力、感觉受到伤害，或者羞愧，通过这种方式你能够探究自己的核心信念。如果有人像我们这样去问本书开始提到的麦克："童年时，你会感到无助吗？"或者"你发飙的时候，内心深处的念头是什么？"然后他会很快明白："是父母完全不把我当回事儿，我才愤怒的！""我永远得不到尊重。"这便是他的核心信念。

核心信念是你最重要的信念，其他信念都是核心信念的衍生。

如果找到自身的核心信念，那么请闭上双眼，把注意力转移到内部，即胸腹部，感受一下你产生了什么样的感受。这种感受会通过压力、隐痛、发麻、心跳传递到你的身体上。你可能对这种感受很熟悉，也可能像麦克和萨宾娜一样陷入一种糨糊心理，无意识地狂怒、沮丧、逃避，或者难以停止。如果你正确感知了自己的消极情绪，在这次练习中感到很糟糕、很悲伤，那么这会对你非常有益。让这种感受持续一段时间，对恢复过程很有帮助。即使这种感受转瞬即逝，也能起到一定的作用。

之所以让你体会这种感受，是因为当你发现自己进入这种状态后，你会很快意识到这种状态的存在。越早发现自己进入这种消极情绪，越能更好地调整这种状态。如果愤怒已经深入骨髓，绝望已经直达心底，并且缺乏觉知，那么人就难以控制这些糨糊心理所导致的情绪。"早期发现"不仅适用于身体问题，也适用于心理问题。

请把你在这个练习中体会到的感受填写在孩子剪影的肚子上（请参考封面折页）。

如何摆脱负面情绪

如果你被某种负面情绪纠缠，请将注意力转移到其他事情上。虽然转移注意力听起来很平常，却是摆脱负面情绪最有效的方法之一。我们的大脑没有能力同时处理许多件事情。当你的注意力被其他事情吸引，就不会同时感受内心的伤痛。你可以强迫自己去感受周围的环境，通过这种办法转移注意力。比如说，你可以数出周边 10 个红色或者蓝色的东西，也可以找出以 24 个字母为首的国家名称。

另外，你还可以通过身体活动摆脱情绪，比如用手掌来拍击身体的各个部位，或者通过身体姿势来影响自己的情绪。沮丧的时候，人会耷拉下头来，这是情绪在影响身体姿势。反之，你也可以通过昂起头让自己变得充满斗志。关于这两者之间的关系，我会经常提及。

还有另外一个不错的练习，可以用来调节情绪：将注意力集中在你情绪的身体活动方面，比如恐惧时"心跳得厉害"，或者悲伤时"胸口透不过气来"。请将注意力集中在身体感受上面，并保持这种状态。你会发现并且感受到，这种状态很快就消失了。我的一位来访者很害怕坐飞机，每当飞机遇到气流颠簸时，他都害怕得要命，双手紧紧抓住座椅的扶手。他试过很多方法都没有摆脱，有很长一段时间，他甚至由于害怕坐飞机而无法出国，严重影响了工作。后来，利用这个小小的练习，他便很轻松地解决了自己的问题。他告诉我说，一次遇到气流，飞机颠簸得很厉害，他就运用我教他的这个方法，将注意力集中在身体的感受上，他感到自己的心在狂跳，手心在出汗，身体很僵硬。当他作为一个观察者去感受恐惧的情绪时，令他惊讶的是，恐惧的情绪慢慢从身体上剥落、消失，虽然他同样能感受到飞机晃得很厉害，但那仅仅是一种物理上的晃动，并不能引发他对飞机坠落的担心、焦虑和恐惧。

要摆脱某种情绪，一个有效的方法是去观察这种情绪。即使遭遇失恋，只要你将注意力集中在情绪的身体活动上，观察它们、感受它们，也对你很有帮助。

练习：情绪桥

情绪桥以及作用桥是另外一个练习。通过这个练习，可以了解过去的情绪是如何粘连到现在的，以及为什么它会发挥作用并成为争吵的源头。

1. 做这个练习时，请设想成人世界中的一个典型场景。这个场景在你的身上经常发生，虽然地点不同，但情形相似，你的负面信念在这个过程中表现得恰如其分。比如说，那时你觉得自己受到拒绝，正好印证了你的信念"我不够优秀"。或者那时你觉得自己没有受到足够的尊重，于是信念"我身份低微"就开始起作用了。

2. 当你找到了这样一种情形，请尽最大努力利用所有的感官去想象、感知和观察。如果你觉得这个情形太过糟糕，难以全部再现的话，那么你留下一定空间或者只设想其中的一部分，也能达到目的。你能让这个情形中的情绪再现，或者以一种弱化的方式让这种情绪继续发生，才是最重要的。

3. 如果这个情形中的情绪已经出现，比方说恐惧或者悲伤，那么请借助这个情绪回到过去，回到那个回忆的最初阶段。请尝试着利用这个练习去感受，你对这种情绪的认识时间以及童年时期发生的场景分别是什么。请尝试着去分析，是你父母或者其他人的哪些行为致使你产生这样的情绪。

以上练习的意义在于，帮助你获取一种战胜自我惯性和固定模式的深层次理性，让这些固有性格和习惯不再自动发生（像萨宾娜和麦克那样），并且有意识地掌握主动权来调节它们。你对自身情绪的觉知程度越高，便能越快地认识和掌握它们。

题外话：情绪是判断事情的重要指标

那些很了解自己情绪的人在表达自己和解决问题方面，都要比那些排斥自身情绪的人容易得多。排斥情绪的人不仅排斥自己的情绪，也很少关注自己内心的精神过程。他们不喜欢表达自己和自己的生活，大部分是源于一种潜意识的恐惧，因为这可能会让太多的负面情绪一下子涌现出来。很明显，排斥情绪的人只停留在理论的思考上，与他们阴影小孩的情绪世界没有任何交集。

与女性相比，男人更倾向于用理性的思考来识别事物，这是他们与生俱来的特性，也跟所接受的教育相关。男人没有女人那样感性，他们更愿意隐藏一些"软弱"的情绪，诸如悲伤、无助和恐惧。不过，男人对"强大"的情绪，例如，快乐和愤怒的感受却比较完整。我们可以在麦克身上清楚地看到这一点：受伤是他"软弱的情绪"，这是由萨宾娜忘记他的香肠而触发的，但他却很难感受到这一点，相反，他却强烈地感受到了愤怒。

几千年来，男人的社会化形象要求男人不要展现自身软弱的一面。但是，近年来，这个观念也在发生变化：男生也可以悲伤，也可以恐惧，"大丈夫流血不流泪"这种名言警句也逐渐消失在大众的视野里。

除了教育影响之外，男人还有着发展性的基因因素，男女的情绪特点跟石器时代男人和女人的不同分工有关。如果他们打算打猎，就必须把软弱的情绪放到一边。他们必须冷静、勇敢。女人虽然也要打猎，但是她们在石器时代包括现在的主要任务是家庭。在家庭中，比起勇敢，更需要为他人着想的能力。因此男人与生俱来会更加客观地看待这个世界，而女人更容易为他人着想。

在解决问题的时候，如果像男人一样把负面的情绪放到一边，这绝对有百利而无一害。但是，男人的这种冷静在人际关系中却容易成为话题终结者，给人际交往带来困难。我在心理治疗中和研讨课上经常遇到一些男人，他们就像是没有指南针的海上巨轮，在人际关系中忙乱打转，因为他们在处理情绪问题时少了一根筋。实际上，情绪是判断和评估事物的重要指标。情绪会告诉我们一件事的重要程度。例如，对危险的恐惧会警告我们，并促使我们想办法避开它；悲伤会告诉我们，失去或者没有得到一些重要的东西；羞愧则意味着，我们破坏了某一种社会标准或者人际交往规矩；快乐告诉我们，自己获得了乐趣。

如果一个人对自己的情绪不够了解，就会产生需求认知障碍。正因如此，不少人都在抱怨，不知道自己想要什么。我认识一些男人，智商很高，抽象思维能力很强，在工作上，有无限可能，但在生活中却一团糟，既处理不好感情和家庭问题，也处理不好与其他人的关系。当遇到感情上的重大决策或者表达个人目标时，他们抽象思考的能力起不到任何作用，常语无伦次，丧失应有的逻辑性。这是因为他们缺少与自己情绪的交流。

处理问题时不能感情用事，也不能不考虑感情。多与自己的情绪交流，可以给人直接提供理性方向。只有充分考虑了感情因素的决定才会让我们感到心安理得。就算是潜意识中感受到的情绪最终也会决定我们的方向。

有些人会被眼前的情绪控制，这可能是恐惧、沮丧或者好强。在这些"主要情绪"的背后，一般都隐藏着没有感知到的情绪，就像麦克的这种情况，在他愤怒情绪的背后是没有表达出来的受伤。

不来情绪的人，应该怎么办

如果你属于那种跟自己情绪交流有困难的人，并且在以上的练习中没有什么感觉的话，那么请闭上你的眼睛，把注意力集中在你的胸腹部。

首先去感受你的呼吸。是不是已经深入你的腹腔部？是不是在某些部位出现呼吸困难？浅呼吸时，我们经常会无意识地克制自己的情绪。让自己进行一次腹腔部的深呼吸，可以释放那些被压制的情绪。最好你能在平躺时进行深呼吸。然后体会一下，这是种什么样的感觉。如果你在深呼吸的时候并没有感觉到什么情绪，那么请把注意力集中在自己的胸腹部，然后有意识地去体会，这种什么都没有的感觉是什么？去感知，你的身体是如何反映这种什么都没有的。腹部是放松的吗？心跳正常吗？呼吸深入吗？什么都没有是什么感觉？然后你再去体会，在这种"什么感觉都没有"的背后是不是隐藏着一些东西。

这种有意识的情绪练习对你很有帮助。什么感觉都没有，这实际上是一种自我保护，一些人在原生家庭中就已经无意识地养成了这种本领，这样的话，当父母给他们造成痛苦或者无助的情绪时，他们便会不痛不痒。他们已经学会了情绪转移的本领。既然人可以学会转移情绪，自然也能学会将注意力集中到某种情绪上。

在这点上，如果人们在一天当中时不时停下来带着问题将注意力集中：我刚刚是什么感觉？这样也能达到效果。集中关注你的胸腹部和你当时的身体感觉。例如，你感觉到刺痛、凉飕飕的、紧迫感、压迫感时，请把注意力集中在这个区域。然后再去感受并用一种表达情绪的词描述。是恐惧，悲伤，羞愧，愤怒？还是快乐，爱意，轻松？接着你可以针对这种身体感觉提出问题。

问题是：生活中的什么事让我有这种压迫、刺痛、心跳或者其他感受。你对这种情绪提问，然后试着去回答这个问题。

不要用理智的成人自我去寻找答案。在大多数情况下，你脑中的第一个答案是正确答案，也许第一眼看上去，这个答案有些荒唐。这个答案可能以一种回忆或者图画的形式呈现。它出现在你的潜意识层面，是你的内心小孩回答了这个问题，不管他是阳光小孩还是阴影小孩。通过这种方式，你可以直接跟他进行对话。这种情绪集中的形式源于一种心理方法，名为"聚焦心理"，创始人是尤金·简德林博士。

你会发现，如果你集中注意力于内心世界的频率越高，越能更加清晰地感知这种情绪。对于一些人来说，在此基础上进行冥想更有益处。

你感知到的世界，都是内心的投射

现在必须明白一件事，你的负面信念不是来源于现实世界，而是来源于你的主观世界，尤其重要的是，原生家庭的教育方式深刻地影响着你的主观世界。

你透过信念的眼镜来感知自己和他人，这就会导致认知粘连和感知扭曲。

你从小受到的教育影响了你的感知，也就形成了你对现实的反映。我们的目的在于帮助你清除认知粘连和糨糊心理，建立对现实正确的感知机制。在这个环节中，区分阴影小孩和理性的成人显得非常重要。你不能在自己的感知中混淆这两个概念，尽管你过去经常混淆。你必须借助内心的成人理智去鉴别，哪些是阴影小孩的行为。如果你的爸爸妈妈在你小的时候采取别的教育方式，现在的你可能是另一种性格。内心的成人必须明白，这些渺小低微的评价并不是在描述你和你的世界，而是原生家庭教育方式的反映。

比如，你的信念是"我不够优秀"，那么你内心的成人必须理智地认识到，这是没有任何道理的，因为尽管你在生活中犯了错，也并不意味着你不优秀。我们在生活中犯的大多数错误其实是我们负面信念的结果。如果你的信念是"我毫无价值"，那么内心的成人必须理智地指出，这是胡说，因为每个人都有自己的价值。

孩子赤条条来到这个世界，如果父母无意中告诉他，他毫无价值，孩子也没有办法做出抵抗。这不是他的过错。著名心理学家岩斯·克罗森说过："你生而闪耀！"我非常赞成这个美妙的说法。换言之，尽管你有时并不完美，但这并不妨碍你生而闪耀。如果你的成人自我不能充分意识到这一点，并将这种观念传递给内心的阴影小孩，那么你就会继续生活在双重主观的世界中，一重是你内心的孩子总是认为，他很渺小，外面世界是高大的爸爸妈妈；另一重是你内心的成人则认同阴影小孩，认为他所想所感受到的都是真实的，这样一来，你就会一直生活在童年的阴影中，永远也长不大。这的确是现在大多数人的模式，他们不会反思，也没有改变自身的旧有模式。还记得我的那个来访者吗？她的阴影小孩在她 50 多岁的时候才第一次意识到，那个凶手已经去世，她也已经长大成人。在这之前，她内心的那个小孩还停留在她很小的时候。她的阴影小孩当时只有 5 岁。

请你感受一下，你的阴影小孩现在多大？如果我告诉你，你的阴影小孩也被过去的经历束缚，并且严重影响了你现在的思维、感受和行为，你是不是深有同感。

为什么即使长大成人，你的思维、感受和行为还会粘连在过去的经历中呢？心理学上的"投射"概念可以解释这一现象。投射的运作方式如下：我们的自我形象基本上由内心的信念决定，并会把这种形象投射到别人的眼睛中。如果内心的信念是正面的，自我感觉良好，认为自己是一个有价值的人，那么我们就会觉得别人也这样认为。相反，如果内心的信念是负面的，自我感觉不好，认为自己是一个没有价值的人，那么我们就会认为别人也这样认为。

请静下心来想一想，自己是否经常会有这样的想法：别人认为你太胖、太丑、太笨、太无聊，或者别人认为你性格随和，抑或坚强，但实际上你并不是这样。我们总生活在别人的眼光中，脑子总想着别人怎么看我们，弄得自己精疲力竭，却忘记了与内心取得联系。很多时候，别人就是一面空洞的镜子，我们从中看见的仅仅是自己内心的投射。不纠正自己的内心，扭曲的内心看见的永远是扭曲的自己和他人，最终将永远无法真切地感知真实的世界。

Das Kind
in dir muss
Heimat
finden

第六章

为了抵御原生家庭的伤害，
我们滋生出自我保护的外壳

　　我们不仅坚定不移地相信原生家庭中的经历，还会把这些经历凝固成一种信念，存放在潜意识中，不知不觉影响自己的思想、感受和行为。

　　围绕核心信念，我们会形成相应的保护策略，以便逃避童年的伤痛。不过，即使长大成人，原生家庭的经历早已过去，不会再出现，但这种保护策略依然会保留在你的感知和行为中。

　　保护策略是一层坚硬的外壳，可以用来掩盖伤口，保护阴影小孩免受伤害。例如，在麦克潜意识的信念中，他认为萨宾娜不尊重他，觉得很受伤，为了保护自己不受伤害，他用暴跳如雷来应对。暴跳如雷就是他的保护策略，即坚硬的外壳。正是由于这层外壳的存在，麦克在逃避阴影小孩的伤痛时，也阻断了与内心的联系，他几乎感觉不到内心的负面信念，也无法察觉愤怒的真正原因，离真相始终很遥远。

　　很多保护策略在原生家庭就已经形成，但有些人成年之后也会沾染上一些保护策略，比如利用瘾和癖来逃避生活。重要的是，我们必须明白，内心的这些负面信念是由于四种基本心理需求没有得到满足而产生的。相对而言，很多人的保护策略不止一种。大多数的保护策略发生在我们的行为层面，也就是说体现在我们的行动上。

　　在这一章中，我想给大家解释保护策略的基本功能和作用方式，并将仔细探讨经常使用的一些保护策略。

　　比方说，如果一个人自我价值感和渴望被认可的需求没有得到满足，形成了这样的内心信念——"我不够优秀"，那么他就会（无意识地）努力摆脱这种形象，或者（无意识地）努力证明这个形象。其中一种典型的摆脱这种形象的策略便是——追求完美。

大多数情况下，追求完美并不是源于纯粹的热情，更多的是因为在潜意识中觉得自己不够优秀。这些人由于害怕出错，害怕被别人看不起，所以，他们总是偷偷努力做好所有事情。在他们看来，犯错会被人瞧不起，被别人瞧不起会让他们产生强烈的羞耻感，而羞耻感意味着他们认同自己可悲的缺点。

不过，还有另外一拨人，虽然他们在潜意识中也有"我不够优秀"的负面信念，却走向了追求完美的反面——听天由命，自暴自弃。从童年开始，在原生家庭中，他们就知道自己不够优秀，努力也不会改变什么。他们一直告诉自己，自己的信念是正确的。当人际关系宣告失败时，他们会用这种信念安慰自己；当工作中一无所获时，他们会选择顺其自然；在寻找伴侣却发现无疾而终时，他们会听天由命；当他们行为古怪，对方觉得难以相处时，他们不做任何改变。在工作上，对失败的恐惧会让他们逃避重要的任务，而在琐碎的小事上耗费时间。或者因为恐惧无所作为，导致自己的潜力得不到发挥。

当然，有些人还会制订出另外一种保护策略，心理学称它为"自恋"。意思是，他们通过一种特殊的自我主导方式，疯狂补偿自己脆弱的阴影小孩。自我主导，即主观臆想，与客观事实严重不符。自恋的人会臆想出一个完美的自我形象，觉得自己是世界上最厉害最牛的人（后面还会详细讲解自恋和追求完美这两种行为）。

　　如果一个小孩在原生家庭中追求独立和掌控的需求受到破坏，他会产生这样的信念，比如"我很自卑""我力不从心"或者"我听任你的摆布"。为了尽可能摆脱这种自卑的感受，孩子长大后会强烈追求控制和权力，因为他内心的小孩一直处在一个卑微的位置上，这使他感到焦虑和担忧。权力欲望比较强的人不管是在谈话、工作还是人际关系中，总是希望拔得头筹，试图以这种策略摆脱童年自卑的阴影，保护自己不再受到伤害。他们中的大多数人害怕关系，也无法建立亲密关系，以至于逃避爱情，或者在亲近后选择与心爱的人保持距离。还有一些人无法与人平等友好相处，不是把别人当成奴隶，极力控制别人，就是听任别人摆布，依附于那些强势主导的人，成为他们的奴隶。对于女性而言，典型的情况是她依附于一个控制欲极强的男性，甚至会出现受虐的倾向。或者是男性过分依赖女性。他们这种可悲的性格并不是天生的，实际上是原生家庭教育的结果。

　　如果一个小孩的关系需求总是得不到满足，他的信念就会是"我是孤独的"。为了保护自己，他的言行举止会非常谨慎，总是注意和谐平衡，避免破坏与其他人的亲密关系。或者走向反面，逃避亲密关系，认为关系越亲密，越容易让自己失望，受伤也就越深。他们行事会根据这样的信条：我没有建立亲密的关系，所以就不会对亲密关系感到失望，也不会受伤。在他们的阴影小孩看来，孤独实际上是最安全的选择。

　　如果快乐的需求没有得到满足，阴影小孩会产生这样的信念："我不能享受快乐！"这些人通过工作来逃避生活，很少打理自己的空余时间。他们还会强迫自己遵守一些规定（强制性规定），严格自律。当然，也有很多人会走向反面，通过肆意、毫无节制地娱乐，过度弥补自己童年时期缺失的快乐。他们缺少自律，总是依赖自己的冲动过度享乐。

　　保护策略在更高一级的层面，可分为适应、撤退和过度弥补。

　　人的基本心理需求并不会与保护策略和信念一一对应，同样的信念，例如"我不重要"，可以是关系需求、掌控需求受挫的产物，也可以是渴望被认可的需求和快乐需求没有得到满足的后果。同样的道理，一项保护策略，比如说追求权力和完美，也是不同基本心理需求欠缺的结果。另外，许多保护策略会出现交集现象，比如，追求完美和追求控制欲，或者追求和谐与乐善好施常交集在一起。

　　正如我之前说过的，大多数的保护策略并不能真正保护我们，很多问题恰恰就出在保护策略本身。例如，一个人的信念是"我不值得别人去爱"，那么他所采取的保护策略可能是与别人小心翼翼交往，避免亲密的关系，随之带来的孤独则成为他的问题。我们的大多数问题都来源于自己的保护策略。

　　保护策略对童年的你很有必要，它们能起到一些积极的作用，可以在特定的时候巧妙地应对自己和他人，保护你免受伤害。但是，有一个问题你必须明确：你的阴影小孩并不知道，现在的你已经长大了，他还生活在以前的那个现实里。实际上，你的阴影小孩和成人自我都是自由的，完全可以自己照顾自己，不再依附于原生家庭中的爸爸妈妈。成人可以利用各种方式保护自己，他们有自己的保护策略，即价值策略，这一点我会在后面向你介绍。

保护策略有很多种。例如，你喜欢通过打游戏来逃避现实，并保护自己，这种策略可以归类于"逃避和撤退"。原本你想直觉表达出自己的意见，但是你在上级面前却总是转弯抹角，选择委婉表达，那么这种做法可以归类于"追求和谐"。下面，我们具体介绍 13 种常见的保护策略。

保护策略1：逃避现实

逃避不舒适，或者逃避无法忍受的现实是一种基本的保护机制，没有这种机制，我们没有办法行动。如果每天都在想世界上所有的危险，包括自身的弱点和死亡，那么我们根本就没有办法去处理如此强烈的恐惧感和无力感。所以，我们必须利用保护策略去淡化一些问题，逃避一些事情。

逃避一件事，便不会去感知。不能感知这件事，便不会产生任何有意识的情绪、思维和行动。所以，我们常常会在心理上逃避一些东西，例如恐惧、悲伤或者无助等不愉快的情绪。

从根本上来讲，逃避是"所有保护策略之母"，因为所有的自我保护都是为了逃避一些我们不想体会和感受的东西。所有其他的保护策略，例如追求权力、追求完美、追求和谐，或者乐善好施等都是逃避的具体方式。

逃避问题，就不能解决问题。

如果长时间逃避这些问题，就会导致问题堆积，总有一天你必须得面对这些问题。例如"追求完美"的保护策略最终会导致你精疲力竭。大多数情况下，保护策略的后果只会影响到实施者自身或者他周围的人。但是如果一个人为了逃避自己的无力感，肆意地利用权力，特别是在他有社会影响力的情况下，就会产生很多问题。

保护策略2：投射与扭曲

逃避现实是一种普遍的保护策略，并且是其他保护策略的基础，逃避现实有一种方法是投射。

投射是心理学上的专业术语，意思是，通过自己的需求和情绪来感知其他人，从而扭曲自己的感知，远离现实。例如，如果感觉自己不确定或者没什么价值，那么我很有可能会认为其他人强大并具有主导能力。再例如，我们经常会把父母的形象投射到自己的伴侣身上。如果母亲控制欲很强的话，我们会把自己的妻子当成母亲，很快感觉到被她控制。原因在于，我们的阴影小孩会无意识地服从对方，就像跟自己的母亲相处那样。当然，我们也会投射积极的情绪和愿望。例如，自己在无忧无虑的环境中长大，就会天真地认为，其他人也像自己的父母那样值得信任。

投射会扭曲感知，感知是其他心理功能的基础，例如思维、情绪和行动。所有的东西都建立在感知之上，它几乎等同于我们的意识。所以，当投射让感知发生扭曲时，我们是没有办法辨别出来的。最理想的情况是，扭曲的感知会在事后反映出来。那时候，我们会感到好像突然"手里拿了放大镜一般看清了真相"，或者"觉察到自己好像刚刚走错了场，看错了电影"。

与动物不同，人类能够自我反省。但是人类使用这种能力的程度却有着天壤之别。有些人一直致力于自我反省和个人的发展，其他人却没有什么作为。那些逃避自我反省的人，其中的大部分都非常害怕与自己的阴影小孩交流。打个比方，派特拉的阴影小孩认为，自己很差劲，没有人会喜欢她。派特拉没有办法忍受这种卑微的自我价值感，所以她必须逃避。这样一来，她也失去了改正的机会。现在我们设想，派特拉碰到了耶利亚，耶利亚认为派特拉比自己要出色、要强大。不管耶利亚的看法是否属实，但是从耶利亚放低身段的言行中，派特拉自然而然看到了自己的影子，感受到了内心卑微的自我价值感，她不愿意通过耶利亚来反省自己，只想逃避，于是她拒绝与耶利亚来往。不过，派特拉自己却不会意识到这个内在的心理过程，相反，她的阴影小孩和她内在的成人会采取心理上的小策略：她们会感觉耶利亚太自卑，不值得信任，也不讨人喜欢，她们会把自己的缺点投射到对方的身上，从而拒绝自我反省。有一句话说得好，你讨厌一个人，很可能是从他身上看见了自己的影子。

像派特拉这类擅长有意识地拒绝自我反省的人，很容易把自己不友善的情绪转移到其他人身上，把自己的错误归咎于别人，寻找替罪羊，从而逃避内心的愧疚感。这种人很多，在政客身上，我们经常会看到他们的身影。

任何人都没法逃脱感知扭曲的影响，却可以通过自我反省来修正。但对于那些逃避自我反省的人来说，他们永远无法对自我做出清醒客观的认识。与他们交流难于上青天，纠缠不清。他们那种扭曲的、不公正的言行常令人感到震惊。他们的自我价值感太过脆弱，难以承担自己的责任，总是把自己的责任巧妙说成是你的责任，有时甚至还会让你觉得自己真的有问题。如果你依赖一个感知扭曲的人，多半无法逃脱被逼疯的命运。但是，如果 A 是感知扭曲的人，只要 B 没有依赖 A，B 还是可以摆脱 A 的。不过，如果那些位高权重的人出现感知扭曲，又缺乏反省精神，由此产生不公正，以及暴力合法化，那么全体人民就会成为他们感知扭曲的牺牲品。这才是最危险最可怕的事情。

如果说逃避和投射是每个人的保护机制，也是感知的心理功能，那么以下的保护策略就更加具体和独立。由于它们所涉及的是行动层面，我们更容易了解，也更容易改变。

保护策略3：追求完美、美丽妄想症、追求认同感

典型的信念： 我不够优秀！我不可以犯错！我太糟糕了！我很丑！我没用！我是个失败者！

大多数自我价值感不确定的人都会从防守的角度来安排自己的生活。他们不给任何人以进攻的机会，其防守策略有三种：追求完美、美丽妄想症，以及追求认同感。

完美意味着没有错误。追求完美是危险的，会让人精疲力竭。追求完美的人，就像在轮子中奔跑的仓鼠，没有尽头。这个策略的问题在于，没有所谓的"足够"，总是存在一个更高、更宽和更好的选择。对于这些人来说，他们始终在追逐。刚到手的奖杯还没有焐热，又要去追逐下个目标。他们的成就只能给他们带来片刻的轻松。他们只想取悦内心的成人，但阴影小孩对此却无动于衷。外部的成功并不能治愈阴影小孩的伤痛，他依然生活在过去的现实中并坚信：自己不够优秀。这就可以解释，为什么很多人外表看上去很成功，但他们对自己却非常怀疑，并不满意，甚至患上抑郁症。

自我价值感低微的人，另一个防守策略是美丽妄想症。

在他们看来，修饰自己的外表，就有可能变得美丽。虽然热量和体重可以计算，头发可以染，化妆品可以买，但阴影小孩内心深处的自我怀疑却很难掌握，也很难对抗。

很多自我价值感不确定的人会将内心的恐惧投射到他们的外表上，但是，通过改变外表带来的成果并不能真正提升内在的自我价值感。与之相反，随着人们年龄的增加，这种策略会越来越难以进行下去。

自我价值感低微的人还会采取第三种防守策略：追求认同感。

这些人会努力获取别人的认可，有时其努力的程度令人难以想象。他们会根据别人的期望来安排自己的兴趣爱好、购置物品，或者寻找伴侣，这些外在的东西完全成了他们提升内心自我价值感的工具。

人类是群居动物，依赖人与人之间的关系。被他人认可是进入社会的敲门砖。关系需求决定了我们非常害怕拒绝。追求认同感之所以成为问题，不在于认同时感受到的快乐，也不在于被拒绝时感受到的羞愧，而在于需要认可的程度。那些过分追求认可的人给自己制订了严格的标准，在与人交往中会抛弃自己的真实愿望，更有甚者，他们会放弃自己的价值观。

理解这种策略：不管是追求完美、美丽妄想症，还是过分追求认同感，都是为了保护自己的阴影小孩，不让任何人有理由指责他们。运用这些保护策略，你严格自律，付出了很大的努力，取得了很多成功。你应该为此感到骄傲。

心理突围：尽管这些保护策略让你取得了很多成绩，但你却累得精疲力竭，时刻处在紧张和焦虑之中。尤其重要的是，这些策略阻碍了你与阴影小孩真正进行交流，长期以来，并不会让你真正感到快乐。请问问自己，你是不是可以用一种更加快捷轻松的方式来安慰阴影小孩？请借助内心的成人有意识地想想，有没有其他方式让你获得认可，并获得成功呢？

保护策略4：追求和谐，讨好别人

典型的信念：我必须迎合你！我不够优秀！我总是身处劣势！我必须乖巧听话！我不可以反抗！

追求和谐与追求完美一样，都是常用的保护策略，经常被同时使用。这两种策略都是为了保护阴影小孩，因为他们非常害怕被人拒绝。

那些追求和谐的人想要尽可能满足身边人的期望。在原生家庭中，他们就知道这么做是获取关注和认可的最佳方式。为了尽量迎合其他人，这些"和谐追求者"很早就学会隐藏自己的愿望和情绪。由于强烈的自我意愿会成为迎合他人的绊脚石，所以，他们会自然而然地抑制那些促进自我意愿的情绪，例如愤怒和野心。他们很少具有攻击性。在遇到个人意愿被破坏或者遭受侮辱时，他们会选择伤心、难过，而不是愤怒。他们的保护策略会让他们比那些懂得发泄情绪的人更容易患上抑郁症。因为他们会把抑制的热愤怒转化成冷愤怒，演变成被动反抗。与其大声说出心中所想，他们更愿意屈辱性地从人际交往中撤回，选择防守，独自承受内心的伤痛。关于被动和主动进攻的作用方式，我会在"保护策略 6：追求权力"中详细讲解。

一个人选择迎合还是反抗，与他在原生家庭中的经历没有关系，这取决于天性：通常天性柔和，比较敏感的人会选择迎合，而天性刚毅的人，常会选择反抗。

和谐追求者擅长隐藏自己的愿望，但是隐藏来隐藏去，最后他们经常不知道自己到底想要什么，很难去定义自己的个人目标，并做出决定。

在人际交往中，和谐追求者十分友好，讨人欢喜，但是他们的保护策略也会阻碍甚至破坏他们的人际交往。过度追求和谐的人非常害怕得罪别人，他们害怕冲突，不愿意老老实实把自己的感受和想法告诉别人，至少在感觉会引起冲突的时候是这样。他们的阴影小孩认为对方是高大的、有能力的，基于这种感知扭曲，他们会陷入受害者的角色：因为害怕假想强者，他们自愿服从，去做一些自己实际上不愿意做的事情。

一个令人惊讶的现象是，假想强者在他们的眼中会转变成施暴者。他们内心的成人不会认为，自愿屈服的罪魁祸首是阴影小孩的投射。取而代之，他们会臆想对方才是始作俑者，于是他们远离这些人，来保护自己的个人自由空间。

　　一般来说，假想强者并没有机会介入他们的内心，因为害怕冲突的人出于恐惧会避免事情发生。这样就会出现一种我们经常观察到的心理现象：假想弱者出于恐惧会率先逃避，或者攻击，但是在他们看来，自己之所以采取这些保护策略，恰恰证明了假想强者的施暴行为。换言之，他们将自己心中想象的东西当成了事实，率先采取了行动，于是作为心理上的弱者却在行为上对别人造成了伤害，由一个假想的受害者变成了一个事实上的施暴者。人们把这种现象称为：受害者—施暴者悖论。

　　理解这种策略：在和身边人相处时，你已经尽力了。这让你变成了一个讨人喜欢的人、一个容易合作的人，由于你总是把自己的需求放在第二位，所以很多人都愿意与你交往。

　　心理突围：你极力隐藏阴影小孩，人们就不知道你内心所想。请让阴影小孩知道，你可以表达自己的意见，说出内心的愿望和需求，这样并不会失去别人的好感，反而会赢得别人的尊重，别人会发现你更加亲近、更加透明、更加真实，因为他们不需要总是绞尽脑汁地去猜测你的想法。要知道，比起你谨慎回避、面露愠色、说出自己所想，会让你身边的人更加轻松。这样你就能避免从受害者变成施暴者，尽管这并不是你的意图。

保护策略5：乐善好施

典型的信念： 我没有价值！我不够优秀！我必须帮助你，才能被你爱！我总是身处劣势！我依赖你！

那些乐善好施的人保护内心阴影小孩的方法是，给予他们认为需要帮助的人以帮助。这些人会因为自己好的行为感到自我价值感获得提升。在这点上，乐善好施是与社会和平相处的自我保护策略。但问题是，施助者更愿意跟那些他们帮助不了的人建立关系。他们会没有目的地陷入帮助项目中，特别是当受帮助的人是自己的伴侣时。这些施助者更喜欢选择明显有缺陷的伴侣，假想自己是白马王子，来帮助伴侣走出困境，而获得的回报则是：伴侣认为他们非常重要。这些伴侣可以是心理有问题的人、瘾君子、需要护理的人和经济上出现困难的人。

在生活健全的人身上，施助者会产生己不如人的感受，因为这些健全的人不需要帮助。施助者在关系中列出的等式是："你需要我，你就待在我身边，这样我帮助你，才能凸显我的价值。"但问题是，等式很少展开。施助者总是竭尽全力帮助别人，不会去想别人需不需要帮助，以及这种帮助对别人的影响。如果受助者认为施助者不应当为自己的困境承担责任，也不想做出改变，那么他们就会抓狂。由此，依赖的角色便颠倒过来：施助者去帮助别人，实际上是对别人产生了依赖，没有这个被帮助者，他们就感觉不到自己的价值，觉得自己一无是处。

在婚姻中，大多数施助者会被自己的伴侣反感。这样一来，他们自身的关系需求和渴望被认可的需求得不到满足，阴影小孩慢慢会发现，他原本的担心和害怕被证实，自己的确是没有价值，是糟糕的。为了证明这个想法是错误的，阴影小孩会继续努力，帮助他的伴侣，抱着坚定的希望，认为他的伴侣需要帮助，自己的价值终将体现，于是他将自己价值感完全依附在了伴侣身上。

理解这种策略：你非常努力想要帮助别人，变成一个好人，这应该受到别人的尊敬。而且你也的确帮助了很多人，他们都感激你。

心理突围：这种策略的问题在于，你想帮助那些不需要帮助的人，你的帮助让他们反感。你必须要让你的阴影小孩知道，即使他没有帮助到别人，他依然是优秀的、有价值的。你也要让他知道，有时候你帮不了别人，别人需要的不是你的帮助，而是你能给予他自由。当然，你还是可以继续帮助其他人的，这是一种优秀的品质。但是你要仔细鉴别一下：什么是适当的帮助，什么不是。让你的阴影小孩知道，别把他打算帮助的人当成依靠，真正能依靠的唯有自己。

保护策略6：追求权力

典型的信念：我听任你的摆布！我力不从心！我不应该反抗！我不够优秀！我不可以犯错！我不可以相信任何人！我必须掌握所有的事情！我吃亏了！

滋生出这种保护策略的人，内心的阴影小孩非常害怕身处劣势，害怕被别人控制和伤害。在原生家庭中，这类人完全在父母的控制之下。跟追求和谐的人一样，他们内心的阴影小孩投射在周边人身上的形象是潜在的主导性人物。区别在于，追求和谐的方式是迎合，而追求权力的方式是反抗。这种类型的人在人际交往中想要占据优势地位。一般来说，他们（潜意识地）可以选择两种策略：主动反抗或者被动反抗。主动或被动反抗都是为了捍卫自我，每个人在必要的时候都会使用它们。但是，主动或被动反抗在追求权力和控制欲强的人身上发挥着特殊的作用，这就是我为什么在这里一直强调的原因。

最初，被动反抗并不容易看透。选择被动反抗的人，不会直接告诉对方自己的意愿，而是借助于大大小小的破坏行动来进行抵制。其核心在于，这个人不会去做对方要求自己去做的事情。即使表面同意，他还是会"忘记"和不遵守，抑或不情不愿懒洋洋地去做，甚至干脆拖延下去。

举个例子，尽管我的一个来访者更希望在自己的家乡生活，但是最终他还是"没有遵循自己的意愿"，搬到了特里尔他女朋友那里去住。他的潜意识对此非常生气，从此之后渐渐失去了对性生活的兴趣。性冷淡是被动反抗的典型表达方式，不管男女都是如此。

主动反抗会让对手感到愤怒，但主动反抗的人至少能让人辨认出来，因此他也能顺势为自己的行为承担责任。但是，被动反抗的人将自己的愤怒隐藏在外表的平静之下，这种方式会让对方感到憋屈，发无名火，这样一来，对方反而容易成为那个有错的人，因为他怒气滔天。相反，被动反抗的人还容易逃脱自己的责任。在心理学上，我们把遭受被动反抗的人称为"被确定的患者"，因为反抗他的人隐藏了自己的动机和愤怒，并不是一眼就能看出来，于是他的反应便显得缺乏理智。就像那位性冷淡的客户，他的女朋友就遭到了他的被动反抗，经常无缘无故发火，却不知道是怎么回事。被动反抗的人就是这样，他们的行为很隐蔽，很阴险，总是通过自身潜意识的手段搞乱整个人际关系。

童年在原生家庭中被父母操控的人会产生强烈的反抗欲望，长大之后，这种反抗的欲望会演变成对权力的追求。那些权力欲望强烈的人内心都缺乏安全感，正是因为这种内在安全感的缺乏，才导致他们对外追逐权力。这些人希望外在的权力能够给他们带来内在的安全，希望高高在上的权力能够填补童年时卑微的感觉，希望强权能弥补他们过去的无力感，希望通过权力来报复父母过去对他们造成的伤害。

报复心理虽然阴暗，但很多人都有，即使那些非常友爱的人偶尔也不排除。我有一个非常讨人喜欢并且随和的女来访者，她跟我说，有时候她的丈夫心情特别好，她就会产生想要羞辱他的冲动。她觉得自己这种想法很糟糕，却不懂内心的动机是什么。我们深入分析之后，才知道，她之所以想羞辱伴侣，是在无意识地向她强势的父母进行报复。

很多时候，人们享受权利的时候，也正是在进行报复的时候。

追求权力的另一个结果是强烈的占有欲。如果一个人给人的感觉是占有欲很强，那么他潜意识里的信念便是："我吃亏了！"因为这种影响，他们会觉得自己被人占便宜了。为了保护自己，他们的阴影小孩决定，不让别人"揩油"。他极力满足自己的需求，越多越好。在大多数情况下，他们会表现得比较吝啬，却十分关注自己的权利，他们的阴影小孩通过"攫取"来保护自己。

理解这种策略： 你是那种强大的类型，你胸有成竹追求自己的目标。"放弃"这两个字不在你的字典里。你有超强的自我意志和顽强的斗志，这给你以保护和支持。

心理突围： 你应该让内心的阴影小孩知道，童年已经过去，现在你的内心成人和你的内心阴影小孩都已经长大。当然，你跟其他人一样拥有相同的权利，但问题是你总是小题大做，充满攻击性。外面的世界没有你想象的那么可怕。放松自己，信任你自己和其他人。很多你想要用权力去解决甚至挑衅的问题实际上是没有必要的。友爱和同情会用一种轻松的方式让你走得更远，获得内心的自由。

保护策略7：追求控制欲

典型的信念： 我必须掌握所有的事情！我失去了自我！我听任你的摆布！我没办法相信你！我不够优秀！我没有价值！

追求权力的另一种表现，是过度追求控制欲。

和权力一样，人们会用控制欲来满足自己的掌控需求。

从正常的角度来看，我们必须适度控制自己和周围的环境，才能够健康生活。但是，那些控制欲望比较强的人，比一般人需要更多的可靠性和确定性。其背后的深层原因是，阴影小孩害怕混乱，也害怕受到伤害和被控制。他们通过吹毛求疵的秩序、完美主义和严格地遵守规则，去战胜自己内心的恐惧。追求完美是追求控制欲的一种形式，倾向于毫无意义地钻牛角尖，特别是在害怕失控，或者执行任务出现意外之时。

控制欲强的人不愿意向内去完善自己，而是喜欢向外严格要求伴侣和其他家庭成员。狂热的控制者想要尽可能了解其他人的行为，他们对自己不自信，因此也难以信任其他人。如果严重的话，这种怀疑会演变成疯狂的嫉妒。在婚姻关系中，任何一方的控制欲太强，都会导致另一方难受和窒息。同时，控制欲太强的父母还会阻碍孩子健康成长。

很多控制欲强的人自身纪律性很强，他们会严格控制自己的身材和健康。在这种情况下，阴影小孩把自己内心的攻击性转移到了身体上。情况严重的会产生健康疑心病。跟疯狂追求美丽相似，比起对外界的各种害怕，身体能提供的投影屏幕更加具体，可操作性也更强。

另外一种实施控制的方式是所谓的思考强迫症。很多人抱怨自己没有办法停止思考。他们总是强迫自己思考同一件事。思考强迫症被认为是没有任何用处的解决方式：在混乱解除之前，大脑得不到任何安宁。无限循环地研究问题经常会阻碍思考，对问题的解决起不到任何作用。

理解这种策略： 用追求控制欲来进行自我保护的人，自我控制能力和自律性都很强，意志力也很强。对于解决问题来说，自律是非常重要的品质。你完全应该为此感到骄傲。

心理突围： 你的问题是，出于保护内心的阴影小孩，你对控制欲的过分追求，会让你觉得有压力，也会给身边的人带去压力。对你来说，更重要的是让你的阴影小孩能够获得内在的自信。通过控制外面的东西，并不能让他感到安全。

你可以试着让你的内心成人去跟你的阴影小孩解释：生活
没有必要那么用力，要满足现状，这样你才能获取更多的生活
乐趣和幸福安宁。如果你一直深受思考强迫症的折磨，那么给
自己半个小时的时间，在纸上写下你所有的问题，然后尝试着
用所有的力气把你的思考和注意力都转移到其他事情上面去。
你内心的成人会知道，你所有的怀疑和不确定都写在纸条上
了，任何信息都没有遗失。

保护策略8：攻击

典型的信念：我处于弱势。我无法信任你。我不能置身事
外。世界真可怕！我吃亏了！我不重要。

攻击是人类战斗的天性，最好的自卫是进攻。

愤怒是一种攻击性情绪，包含生命历史性的含义，能够保
卫我们的个人界限。但问题在于，现在，我们的敌人不再像石
器时代那样可以客观识别出来。由于投射、认知粘连和糨糊心
理，我们会错误地定位敌人。那些臆想自己处于弱势的人会主
观觉得自己受到了攻击。比如说，一些客观上无害的言论会让
他们感到愤怒，觉得受到了侮辱。侮辱会引起强烈的攻击性行
为，尤其对于那些内心本身就抑制着愤怒的人更是如此。实际

上，他们的行为并不是对现实的反应，而是对虚拟的攻击做出自卫，而这些虚拟的攻击也不是来自外面，恰恰是来自于他们曾经受伤的心。

每个人都熟悉这样一个场景：对方毫无征兆地突然不说话，或者突然生气，然后另一个人就会惊愕地问道，是不是刚刚说了什么错话或做了什么错事。这一点在麦克身上看得很清楚。他把妻子忘记买香肠臆想成现实的攻击，便会产生言语或者身体受到侮辱的感觉，进而发怒，开始回击。

比较冲动的人经常会受到这种困扰，等到他们怒气消散，重新回到成人自我的层面，才会意识到自己的莽撞，但这时伤害已经造成，悔之晚矣。

当人们想要抑制冲动时，应该切断愤怒的源头，防止臆想的侮辱感发生，这也是本书的核心。关于侮辱这个话题，还会仔细探讨。

理解这种策略： 你不允许失败发生。你非常强大，反应敏捷，也知道如何保护自己。你充满活力，跟你在一起不会让人感到无聊。

心理突围： 你的阴影小孩很容易受到伤害，也很容易因为自己内心的扭曲而四面树敌。请尝试着让你的成人自我与周围人平等相处，仔细分析你的阴影小孩出现了哪些认知粘连和感知扭曲，并把他跟你的内心成人分开，这样你就能理性并合适地做出反应。

保护策略9：把决策权交给别人，不承担责任

典型的信念：我很弱！我很小！我没有独立性！我必须自我适应！我不能让你失望！我一个人做不来！我不够优秀！我不能离开你！

有些人不想长大，希望自己永远是个孩子。他们依赖别人，希望别人替他们做主。他们所依赖的人可能是自己的伴侣，也可能是自己的父母。每当需要做出重大决定时，他们都会征得父母或者其他人的同意，不敢独自规划人生。

我有一位来访者，名叫哈哈尔德，在原生家庭中生活并不快乐，从小就憎恨自己的父母，成人后也很少去看他们。然而，他内心的阴影小孩却完全认同父母的观点：只有成绩才是重要的。在他父母的眼里，休闲时间和乐趣毫无价值。在第一次心理治疗时，就算是用成人自我来思考，也没有办法让他从这种想法中跳出来。由于父母的影响，他的职业道路一直非常坎坷，几乎感受不到生活的乐趣，也不知道该如何享受人生。除此之外，每当被自己的愿望所驱使时，他都会感到一种莫名的害怕和恐惧。哈哈尔德就是一个非常典型的例子，尽管他看

起来已经长大成人，能够独立做出决定，甚至跟父母保持距离，但是他依然保持着阴影小孩的想法。

对于很多人来说，承担责任并做出人生重大决定是个问题。为了遵守规定，顺应其他人的愿望，他们总是把责任推到命运、伴侣和父母身上。当他们走自己的路时，不可救药地会害怕让别人失望，也害怕被别人拒绝，抑或拒绝别人。

另外，他们的沮丧容忍度很低，无法忍受自己犯错时所带来的负面情绪。为自己的行为负责，一方面意味着有选择的自由，另一方则意味着必须承受错误选择所带来的后果。从这个角度看，别人告诉他们如何去做，他们的风险就会小很多。

从小习惯让别人替自己做决定的人，不知道自己想要的是什么。由于他们总是做一些自己不想去做的事情，所以经常对自己不满意，情绪也很坏。他们的行动大多数情况是出于错误的义务，而不是源于自身的愿望和想法。因此，他们必须明确自身的情绪，知道自己是谁，想做什么。

有些父母采取高压政策，告诉孩子，如果不做父母认为正确的事，就会被赶出家门。如果孩子们想走自己的路，就必须跟家庭决裂。很多人害怕决裂，最终还是会选择屈服。如果父母过度介入孩子的人生决定，不管是好事还是坏事，孩子内心都会产生不确定感，怀疑没有父母自己是否还能做出理性的决定。

在夫妻关系中，一些人的依赖性也非常强，他们的阴影小孩担心没有对方自己就活不下去，以至于委曲求全，无原则地向对方承认错误。在他们的阴影小孩看来：如果自己承认错误，他们的父母和伴侣就占有优势地位，这能缓和与他们的关系，这样一来，自己与所依赖的对象之间的关系就可以继续保持下去，也可以继续寄生于此。

例如，我的一位来访者认为妻子的所有责备都完全合理，尽管妻子表现得强势又狡猾，经常骂他，认为他是她抑郁和偏头痛的元凶。但是，出于对关系的巨大渴望和极强的依赖性，他会主动承认错误。他以承认错误为代价，换来了夫妻关系的继续。对于依赖性很强的人来说，就算是婚姻关系岌岌可危，也会展示出极高的忠诚度。不过，与其说他们是对伴侣的忠诚，不如说是对伴侣的依赖。

从前，女人依赖男人，现在也有不少男人依赖女人，他们期望妻子像妈妈一样能照顾他们，有时候甚至包括挣钱养家。实际上，这是他们的阴影小孩在作祟。

理解这种策略：你非常努力地保护你的阴影小孩，并想把事情做好。你已经成功地成了一名"好青年"或"可爱乖巧的好姑娘"。为了让自己的父母满意，你付出了很多心血。

心理突围：你的阴影小孩非常害怕犯错，让别人失望。你可以借助内心的成人让阴影小孩知道，错误是生活的一部分，允许自己犯错，你的成人自我才会变得强大。最重要的一点是，你要为自己的人生幸福负责，承担起自己应该承担的责任，父母也应该这样。你的生命要开出自己的花朵，而不是满足别人的期望。你要记住，你做出的每一个决定都会帮助你在人生道路上迈出可喜的一步。如果你停滞不前，虽然不会迷路，但也看不到美丽的风景。

保护策略10：逃避、退缩和回避

典型的信念：我任你摆布！我太弱了！我没有价值！我处于弱势！我没法相信你！独身一人比较安全！我做不到！

人们觉得自己没法胜任一项工作，最自然的应对策略就是逃避和退缩。根据不同的情况，人们会使用不同的保护策略。有时候，人们会选择攻击，有时候则会选择逃避。

无论是攻击，还是逃避，就其保护策略本身来说并没有问题，这些都是保护我们避免危险最重要的自然反应。问题仅仅在于对危险的定义。很多时候，由于阴影小孩本身的脆弱，人们会把一些没有危险的事情看成是非常危险的，或者将内心的恐惧粘连到外面的人和事情上，觉得自己受到了攻击，并开始主动退缩和逃避。所以，那些低估自己的人，或者缺乏安全感的人，会慢慢走上逃避的道路。他们逃避的东西包括内心的恐惧、臆想的弱点，以及让他们感觉渺小的人和事。

习惯选择用退缩来保护自己的人，在原生家庭中已经内化了自己的信念，即独自一人是人际关系中最安全的选择。当他们单独一人时，不但觉得安全，也觉得自由，他们只有在单独一人的时候才能够自由地决定和行动。如果他们的身边有人，童年的那个模式就会开启，他们必须要满足（臆想的）其他人的期望。

伴随着逃避和退缩，还有一种自我保护策略，叫回避。

所有人都会回避不愉快的场景或行为，特别是那些让我们感到害怕和恐惧的场景和行为。但问题在于，这种不愉快或者害怕的感觉不会因为你的回避而减弱，反而会顺势增强。你因为不开心而回避的任务会堆叠起来，变得越来越多，最终加剧不愉快的情绪。你越是回避一件事，你的害怕就越会加倍。通过回避，我们越来越相信，我们没有办法战胜这种情形。

回避实际上在脑中证实了我们的害怕和不开心的情绪。另外，回避也会让我们丧失积累胜利经验的机会。但是如果直面困难，在恐惧中前行，我们依然能顺利解决问题，这会让自己感到骄傲。在下一次遇到问题时，我们的恐惧感会大大降低。

逃避和回避有一种特殊的方式，心理学称之为"离解"。离解，就是既不逃跑，也不反抗，人在这里，心却不在这里。例如，你跟某个人交谈吃不消时，就会选择离线模式，心不在焉，把他说的话当耳旁风，视他如空气。离解的人很难区分内心世界和外面世界。他们的天线始终在接收信号，但感觉自己就像一个漏斗，随时被身边人的情绪灌满，又漏走。之所以形成离解这种保护策略，是由于在原生家庭中，面对强势的父母，自己既不能反抗又不能逃跑，只能选择离解来保护自己。

理解这种策略：如果你的阴影小孩觉得自身受到了威胁，通过逃避和退缩来保护自己，这是正确的，可以让你获得更多独处的时间和空间做自己喜欢的事情。

但是，人们没必要一定用孤独来逃避与其他人的接触，也可以投身于工作、兴趣和互联网。当我们投身于活动当中时，就可以把自己从主要问题转移开来。这些活动能够帮助他们排解阴影小孩心中的困苦。长时间的忙碌能够很好地把注意力从自我怀疑上转移开，阴影小孩也不再畏惧。

心理突围：尽管退缩是一种有意义的保护策略，但很多时候，你根本不需要逃避，而是需要坚持自己的观点，为自己辩护。如果能够说出自己的权利、愿望和需求，你将发现与其他人的关系会变得更加自由，自己也将更加自信。

题外话：阴影小孩害怕亲近和占有

在原生家庭中，小孩过分屈服于父母的期望，就没有办法合理坚持自己的想法。相反，他还会不断训练自己去延长情感的天线，尽可能及时地接收并反馈父母的情绪和愿望。

妈妈因孩子辜负了自己的期望而伤心，孩子就没有办法和她划清界限。孩子会因妈妈的悲伤而心生怜悯，觉得有愧于心，应该为妈妈的烦恼负责，并"自愿"地去做妈妈想让孩子做的事，让她感到快乐和满意。但是，如果孩子辜负了母亲的期望，母亲的表现是愤怒，那么孩子会想："妈妈真烦人。"他就很可能从内心中跟母亲划分开来。

经常有人来我这里接受心理治疗，原因是一直无法用一种健康的方式坚持自己的想法，并对亲密关系感到恐惧，这些来访者会因为伴侣的亲近而感觉压抑。他们在原生家庭中一般都有过这样的遭遇：爸爸妈妈，特别是妈妈的占有欲很强。比如说，当妈妈发现孩子更愿意跟他们的朋友玩耍，而不是待在她的身边时，会觉得非常失望。

这里给大家举个例子，39岁的托马斯，他的妈妈一直听任爸爸的摆布，爸爸并不爱妈妈，总是跟别的女人有不正当的关系，妈妈为此很难过。托马斯在童年时期就一直期望可以安慰妈妈，特别是当妈妈在他身边哭诉爸爸的罪行时。这种情况下，托马斯其实是扮演着妈妈的替代伴侣的角色。小托马斯感觉到，当自己待在妈妈身边时，她会好受很多。于是他经常下午都在家里陪妈妈，让妈妈开心，放弃了许多跟小伙伴玩耍的机会。这样一来，他便无法用一种健康的方式跟妈妈划分开来，由此产生了这样的信念："我不能离开你""我要为你的幸福负责""我必须一直待在你的身边""我不可以有自己的意志"。这种信念使得他无法坚持自己的想法，尤其重要的是，他与妈妈的亲密关系让他的自我意愿受到了压制，以至于对以后一切亲密关系都心存恐惧。长大之后的他只能有限地接受伴侣的亲近。如果和女朋友待在一间房间里，他会莫名其妙感到压力，很快就想要抽身而出。只有一个人的时候，他才感觉到自由和自信。

从表面上看，托马斯很怪，他一方面想亲近女朋友，一方面又刻意与女朋友保持距离，矛盾的心理会让他渐渐改变对女友的感觉：起初的钟情演变为怀疑，他会怀疑她是不是正确的那一个。最后，他会搞些绯闻和出轨行为，或者干脆分手，去寻找一个"更好的对象"。直到有一天他发现，他不停地去寻找"正确的对象"不是因为前任女朋友不够好，而是他自己害怕亲密关系，对关系心存恐惧。

接受心理治疗后，托马斯解开与妈妈的粘连关系，并且意识到，在一段关系中他始终是一个自由的人。他必须在亲密关系中学会坚持自己的想法，把自己的愿望和需求表达出来。他终于明白，在原生家庭中与妈妈的亲密关系是有问题的，任何亲密的关系都不应该以失去自我为代价。从那以后，再与女朋友交往时，他不会只听任她的安排，也会有自己的主张。这种亲密关系不只有义务，也有权利。他越享受这种权利，越愿意与对方亲近，而不是逃离。

特殊的保护策略11：利用上瘾来逃避生活

阴影小孩渴望保护、安全、放松和奖励，酗酒、抽烟、吸毒和服用药品等都可能是慰藉他们的方式。另外，购物、工作、玩乐、性和运动等也是瘾的表现方式，这会让阴影小孩的注意力从烦恼和问题上转移开来。

上瘾，首先对应的是我们的享乐感官。不管是药物、酗酒、玩乐，还是购物，都会释放出"快乐的荷尔蒙"——多巴胺，并让人感到快乐。

快乐和不快乐的感受是人类动机的基础。生活的最终目的是追求快乐和避免不快乐。对某件东西上瘾，是因为这件东西能刺激身体释放快乐的荷尔蒙，让我们忘记不快乐的事情，并感到快乐。由于瘾能给人带来快乐，所以人们很容易有瘾，一旦上瘾，便难以摆脱。

上瘾的问题在于，它所带来的快乐是一种短期快乐，而不是长期快乐。这种短期快乐还会以牺牲长期快乐为代价。虽然上瘾的东西开始能够给人带来快乐，但最终却会给人带来不快乐，甚至是痛苦。例如，对烟酒上瘾会让人承受身体疾病的痛苦，对毒品上瘾会毁掉人生。还有，随着上瘾持续的时间变长，刺激感会逐渐减弱，多巴胺也会随之减少，为了追求更多的多巴胺，人会加深上瘾的程度，以至于不能自拔。

其次，上瘾能满足人心理的需求。人之所以感到快乐，是因为基本心理需求得到了满足，反之则不快乐。在上瘾这件事上，内心成人的观点和阴影小孩的感受存在着巨大的差异。内心的成人知道，他们的行为是有害的，必须立即停止。但阴影小孩却希望立即满足需求，立即感到快乐。不管是吃饭、喝酒，还是抽烟，这些从口而入的东西除了能满足人的生理需求之外，也能满足人的心理需求。婴儿吃奶，通过与母乳的深度结合，孩子从口而入的饱腹感满足了他的安全和关系需求。对于那些基本心理需求没有得到满足的人，他们则会穷其一生疯狂地去满足曾经缺失的需求，这便产生上瘾。事实上，无论是对烟酒上瘾，还是暴饮暴食，都是想通过饱腹感满足自己对安全和关注的需求，让自己获得慰藉。

不仅阴影小孩需要瘾来获取安慰，阳光小孩也同样需要它来得到乐趣、冒险和兴奋。不仅是那些想要减轻自己困扰和转移自己问题的人会成为瘾的奴隶，那些追求兴奋、乐趣和冒险的人同样也会沦陷。

孩子总是会做那些能够给他们带来最多快乐的事，但问题是，快乐感会跟上瘾汇合，让人逐渐失去控制。瘾带来的糟糕情况是，一个人上瘾的时间越长，认为自己戒掉这个瘾的希望就越小，并且还会让他的内心成人接受这样的认知："我没办法戒掉！"

戒瘾要从阴影小孩入手，减少短期快乐，增加长期目标所带来的快乐。很多药物上瘾者成功戒瘾是因为生活中出现了长期的目标，例如，新的工作或者新的爱情，这些长期目标的吸引力促使他们减少了短期快乐。我认为，戒瘾最重要的一点是一个人能真切感受到改变的动力。这个动力可以使人们感知到长期上瘾带来的恐惧，以及戒瘾之后带来的轻松和快乐。

理解这种策略： 上瘾给你带来了巨大的快乐。诱惑无处不在。跟自己的意志力对抗的确不容易，你的本意也无非是要活得幸福快乐。

心理突围： 大多数上瘾的代价很高，你也会因此有负罪感，陷入两难境地：一方面上瘾让你快乐，另一方面你害怕上瘾给你带来的后果。面对这样的情形，首先你要充分了解自己，以及你上瘾的深层原因，没有必要指责自己，背负沉重的负罪感。你要明白，阴影小孩是孤独、空虚和无助的，他需要理解、友爱和关注。

保护策略12：自恋

典型的信念： 我没有价值！我什么都不是！我很糟糕！我是个失败者！我不应该有感受！我一定要单独完成这件事！我不会满足！

在希腊传说中，有个很漂亮的少年，名叫纳西索斯。当他在平静的水面看到自己的模样时，便狂热地爱上了自己。他的余生都在自恋中度过。

自恋者认为喜爱自己是一种伟大而有意义的行为，但实际上，自恋只不过是一个人在无意识状态下培养出来的保护策略，用以阻挡受伤的阴影小孩，避免感受到内心的隐痛。

自恋不是自尊，自尊的人对自己有着清醒客观的认识，但自恋者眼中的自己则是虚幻的，如镜中花、水中月。

自恋也不是自爱，自爱的人爱的是真实的自己，而自恋的人爱的则是虚假的自己。自爱的人不仅爱自己，也爱别人，而自恋的人只爱自己，不爱别人。与一个自恋的人交往常常会让人产生这样的感觉：你的世界中有他，他的世界中没你。

一般来说，自恋性格是从小形成的，由于童年的遭遇，许多基本心理需求没有得到满足，孩子便形成了这样的信念："我没有价值！""我什么都不是！""我是一个失败者！"这些信念让他们感到沮丧、痛苦，甚至绝望。为了逃避痛苦，他们在自己心中构建起一个虚假的、完美的自己，以此来排挤内心那个没有价值的、可怜的阴影小孩。自恋的人努力逃避真实的自己，不遗余力去感知虚假的自己。自恋的人有着狂热的虚荣心。为了遏制内心的阴影小孩，他们追求虚假的卓越、虚幻的权力、脆弱的美貌，以及臆想的成功和认可。

自恋是很多保护策略的结合，贬低他人也是其中一种。自恋的人能够尖锐捕捉到他人的弱点，并用讽刺的方式表达出来。自恋者无法承受自己身上的缺陷，更不能容忍其他人身上有这种缺点。当他们将注意力集中在别人的缺陷上时，自然看不见自己的缺陷。他们用批评别人的方式来掩盖自己深度的不安全感和低下的自我价值感。

有些自恋者会选择相反的策略来提升自己的价值。他们会美化那些跟他们亲近的人。这种情况下，他们会吹捧自己完美的伴侣、聪明的孩子和重要的朋友。有些人两种情况都有，他们会美化亲友，贬低周边的人。最常见的情况是，他们首先美化自己新的朋友和爱人，然后等这些人离开之后再进行贬低和嘲讽。

不管自恋者美化还是贬低别人，他们都喜欢吹嘘自己的能力、财富和事业。当然，也有很多低调的自恋者，他们不会大声嚷嚷，或是大肆宣扬，而是会小声炫耀自己的优势和特别之处，这种低调的自恋者在学者和教授当中尤其多见。

如果两个自恋者惺惺相惜，通常这种关系都伴随着激情和伤害——最初是激情，最终是相互伤害。

在夫妻关系中，一方自恋，另一方必受其害。因为不管伴侣表现得多么"乖"，他的行为都没有办法改变自恋者扭曲的感知。这种扭曲的感知一方面来自于对自身缺点的忽视，另一方面是放大了伴侣细微的缺点。如果自恋者陷入这种感知状态，不仅对伴侣的缺点吹毛求疵，还会臆想出一些缺点，并为此感到愤怒。在自恋者看来，伴侣应该为自己长脸才行，她或者他应该和自己一样完美。面对这样的挑剔和缺点聚焦，任何人都无计可施。

人受到批评，不管这个批评是多么不公平和离谱，都会感到沮丧。自恋者的批评会让伴侣觉得自己不够优秀，并心生愧疚。就算伴侣内心的成人早就意识到对方是个自恋狂，知道这并不是自己的过错，但受到贬低的时候，自己依然会感觉到自我价值不高。为了摆脱这种情况，伴侣心中的阴影小孩一定会极力讨自恋者的欢心，努力获得自恋者的认可，然而，自恋者的我行我素永远不会让他们获得满足。这是一个死循环。

出于强烈的野心和对权力的渴望，自恋者会成为不受欢迎的同事和上司。他们的病态心理会使自己与别人的交往变得困难重重，备受打击。但是，自恋者内心那个缺乏安全感，又受到伤害的阴影小孩不会因为受到打击而伤心地离开，他们会非常愤怒。愤怒和怨恨是自恋者的主要情绪。虽然在遭遇失败之后，他们也会陷入极度悲伤、痛苦，甚至绝望，觉得自己非常糟糕拙劣，以至于想要自杀，或者去看心理医生，但是为了保护阴影小孩，他们会努力通过自恋的方法让泄气的自我再次鼓胀起来。

当然，自恋者也有其可爱的一面。他们可能非常有魅力、非常可爱有趣。他们对于成功的追求常让他们在事业上走得很远，名望很高。他们想努力出众的心理，也给他们带来许多成果。这一点会吸引很多其他的自恋者，还包括那些拥有独立人格的人。

自恋是一种我们都会使用的自我保护策略。从广泛意义上讲，每个人都有一定的自恋倾向：我们想要尽可能把好的一面展现给别人，也会基于这种目的去评价他人，把目光集中在别人的弱点上。有时我们也喜欢吹牛，没有人能彻底摒弃面子思想，如果伴侣让我们"丢脸"，我们会觉得羞愧。总之，我们极力隐藏自己的弱点，不让自己感受到阴影小孩的存在。

理解这种策略：你努力争取好的成绩，让自己看起来更得体，这需要巨大的力量和投入。你应该为此感到骄傲。

心理突围：自恋作为一种保护策略会消耗你大量的能量，还会导致你的人际关系变得紧张，充满矛盾和冲突。请注意，你向外的所有努力都无法治愈你内心的阴影小孩，只有完全接受阴影小孩才有可能治愈。解决自恋最好的办法是学会接受并安慰内心的阴影小孩，让阴影小孩觉得被理解，并真切感受到自己的价值。不要尝试跟自己的缺点做斗争，而是要接受。你和其他人一样都只是一个人。只有这样你才能真正放松，也许这是你人生的第一次放松。

保护策略13：伪装、表演和欺骗

典型的信念：*我不能这么自我！我必须适应！我很差劲！我不够优秀！我没有价值！*

每个人或多或少都要遵守社会的标准和法则，不断自我适应。人与人的交往存在着很多礼仪，每个人都必须无声无息地遵守。任何人都不能由着性子完全放开自己而自主行动。完全放开自己，就意味着完全暴露自己，无疑会伤痕累累。

为了避免受伤，伪装和隐藏便成为一种自我保护策略。

一定程度的伪装和隐藏是健康自然的，社会也能容忍，但将伪装演变成彻头彻尾的欺骗，以至于在厚厚的外壳下面自欺欺人，则会成为问题。特别是那些对阴影小孩不够了解的人经常认为人际关系其实就是"遮遮掩掩"。我有一位来访者，曾经告诉我，每天早晨，他穿着西装去上班，就像一个"演员"，几乎感觉不到自己。他的阴影小孩在原生家庭中经历各种训练去适应别人，满足别人的意愿。他觉得应付人际关系简直是"小菜一碟"，只要打开自己的行为程序，把自己伪装起来，见人说人话，见鬼说鬼话，一切都可以了。但是，这样的行为并没有为他赢得真正的朋友，相反，不敢真实表现的他还非常害怕被别人拒绝，也恐惧成为别人攻击的对象。为了隐藏内心的恐惧，他还不得不装出一副对一切都非常笃定的样子。

不过，就算是那些跟自己和自己的感受有着良好关系的人也经常认为，在社会中混，必须学会伪装，把自己的需求隐藏起来，在做事的时候首先考虑别人。如果自己某一天状态不好，形象不佳，甚至都不愿意出门去见人。人们之所以伪装，是因为觉得自己很脆弱，容易受到攻击，只想给这个世界展现自己强大快乐的一面。这种保护策略跟追求和谐和完美有不少交集。

虽然那些穿上外壳才敢出门的人会感到很累，但是展现真实的自己却可能遭受被拒绝的风险，他们害怕被拒绝，宁愿承受伪装的辛苦，也不愿意承受被拒绝的恐惧。由此，他们的阴影小孩学会隐藏自己，适应他人。

比如，有很多人不敢在伴侣面前表现真实的自己，总想隐藏身体中的某一部分，向伴侣尽可能展现"可展现的自我"。他们认为，如果表现得过于真实，袒露自己的愿望和需求，亲密的关系就会受到影响。他们并不知道，只有真实才能让关系变得生动有趣。靠隐藏和伪装维系的关系是脆弱的，没有生机。

害怕冲突，人们会倾向于隐藏自己。但隐藏自己，不敢表达自己的意愿和诉求，不可避免会让人承受压力。长此以往，这些人会慢慢认为，自己在人际关系中吃了亏，并感到沮丧。虽然出于对冲突的恐惧，他们仍然会隐藏这种沮丧，但却很容易产生冷暴力，让伴侣之间的感情慢慢冷淡，关系变得僵化乏味。总有一天彼此之间再也产生不了火花，最终关系走到尽头。你会发现，直至这时他们之间都没有出现任何恶言相对。

理解这种策略：为了获得认可和欢迎，你已经做到最好。你非常努力地展现你最好的一面。你的适应能力很强，自控能力也很强。

心理突围：伪装的人不可能一下子变得真诚，你需要放弃自我保护策略，表达自己的愿望和观点。过去，你之所以不敢这样做，是因为内心的阴影小孩缺乏勇气，认为必须适应别人，才能获得欢心。这是没有任何道理的。现在的你已经长大，完全可以表达自己的意愿，尊重自己。实际上，只要他们

敢于表达自己，就会惊讶地发现真实的自己比那个伪装的自己
更受人欢迎。

上面，我们介绍了 13 种保护策略，内心阴影小孩的保护
策略很多，本书并没有一一罗列。重要的是，你要弄清楚自己
采取了什么样的保护策略。保护策略其实是我们自身问题的主
要原因。以下是相关的练习。

练习：请找到自己的保护策略

通常来说，我们会用自己的保护策略来处理所有复杂的情
形和问题。追求完美的人在他们的生活中都想尽可能做到完
美，而其他人采取的保护策略则可能是撤退和回避。我们经常
会把一个人的保护策略看作是一种性格特征。如果某人通过撤
退，或者伪装来保护自己，那么我们会说他性格内向。如果一
个人通过攻击、追求权力和控制欲来保护自己，我们会说他的
性格外向。同样，自恋者的保护策略跟性格也紧密相关。

你可以想象上周让你不舒服的一到两个场景，以此来帮助
你快速辨认出自己的保护策略：当工作中发生冲突，或者跟伴
侣在某一个地方感到神经紧张和冲动时，你是采取了攻击，撤
退，还是自己适应？这些回忆能够让你知道，自己采取了什么

样的保护策略。

把自己的保护策略写在你的内心小孩剪影的脚周边（请查看书的封面折页部分）。请用完整的句子尽可能具体地表达出来。请不要简单地写"撤退"。举例说明："当我遇到冲突，我会选择逃避"；或者"我摇摆不定，隐藏自己的想法"；或者"我用网络逃避生活"。

大多数情况下，保护策略可以通过具体的行为方式表现出来。行为方式是我们行动的一部分。因此你的个人保护策略可以表达为："生气后，我去车间，修理我的汽车"；或者"我怕得罪妻子，我去买东西"；或者"我在编造故事，我在撒谎"。

如果你把自己的保护策略写在你的内心小孩剪影旁边，那么展现在你面前的就是你心理程序的一部分，就是那个一直给你带来问题的部分：阴影小孩。

原生家庭中的阴影小孩会一直伴随你

正如之前所说，你出现的所有问题都是阴影小孩的问题，但很多人不愿意相信这一点，实际上，这也很难理解，因为在大多数情况下，阴影小孩和他的简单信念隐藏得很深，人们很难看出那些复杂问题与阴影小孩的联系。关于这一点，我深有体会。

我有一位来访者，名叫比莉，27 岁，在第 10 次接受治疗时，她跟我讲述了上周跟闺蜜之间发生的一件事。与闺蜜一道逛商场时，她看见一件漂亮的衣服，十分喜欢，穿上后让闺蜜参谋，闺蜜却摇起头来，说："这件衣服太瘦，不适合你！"闺蜜说的是实话，她本身就比较胖，但就是这句实话却让她很生气。她故意找了个理由，离开了商场，把闺蜜一个人扔在了那里。她对我说："当时真不知道自己怎么了，现在我对自己的行为感到很后悔。"

我让她拿出自己做的阴影小孩剪影，对她说："你所有的问题都在这张剪影上！"她表示很惊讶。我与她一起分析，她阴影小孩的信念是："我不够优秀！"这一信念让她感觉自己卑微，害怕被别人看不起。为了避免阴影小孩经历这种感受，她选择的保护策略是撤退——离开闺蜜。

听完分析之后，她恍然大悟，深深地意识到让她感到羞愧并逃离的，并不是闺蜜的那句话，而是阴影小孩的信念和所采取的保护策略。在那一刻，她陷入了阴影小孩的模式中，自己的感受和行为都被阴影小孩所控制。而现在之所以后悔，是因为她又回到了成人自我的模式中。

明白了这一点之后，她的治疗变得十分顺利。

要想从阴影小孩的模式中跳出来，必须承认一个事实：阴影小孩和他的信念构筑了你现在的世界。除去那些纯粹的命运打击，你的问题均来自于你对自己和周边环境的主观认知。你必须要理解，你是自由的，你可以自己构建自己的认知、思考和情绪。也许你不相信我，也许你阴影小孩的感受太强大，以至于你已经习惯了他看见的世界，但是，如果你有意识地感受负面信念是如何影响你的情绪的，而你的保护策略又是如何影响你的日常生活的，那么你就能看见另一个世界，这个世界才是真实的世界，幸福的世界。

我再重新复述一遍：**阴影小孩的信念建构了你现在的世界，如果你能改变自己的信念，那么，也就能改变自己的感受、思考和行动，重新构建一个崭新的世界。**这是科学研究的成果，并不是什么秘诀。如何进行改变，如何合理有组织地构建我们的现实，将在后面讲解。但在这之前，我们首先要接纳、安慰并治愈可怜受伤的阴影小孩。

Das Kind
in dir muss
Heimat
finden

第七章

治愈阴影小孩的九个练习

　　大多数烦恼都要归结于：害怕犯错，害怕做出错误的决定。我们努力追求正确，很少原谅自己犯下的错误。许多人产生烦恼不仅仅是因为犯了错，而是认为自己来到世上本身就是一个错。他们在潜意识里认为自己不够优秀。这种情绪源自于阴影小孩和他的负面信念。那个可怜的小孩觉得自己没有被内心的成人理解，就像以前没有被原生家庭理解一样。越不被人理解，他们越觉得自己糟糕。所以，治愈阴影小孩的前提，是理解和接纳。

　　下面，我想介绍一些实际的练习，这些练习可以接纳你心中的阴影小孩，或者说至少能够安慰他。有一点十分重要，你和你的内心成人要明白，所有这些消极的言语和情绪只是童年烙印的结果，并不是现实。你可能现在还没有办法完全相信我，但是我在努力借助这本书让你了解。

　　通过前面的学习，我们知道阴影小孩和他的保护策略，也知道那些保护策略并不能保护我们，相反还会伤害我们。同时，还知道我们会无意识地将童年的经历和感受粘连到成年后的生活中，让内心像一团糨糊。要摆脱糨糊心理，就必须把阴影小孩和成人自我分开，这一点非常重要。唯有如此，我们才能从阴影小孩的模式中跳出来，转换到成人自我的模式，在一个理想的距离内去观察、感受和行动，这就叫觉察。觉察能够帮助我们调控自己的感知、思考和情绪。换句话说就是：自我管理。

　　重要的是，你要为自己的改变承担起责任，这也意味着，你既要跟着一起做练习，还要在日常生活中付诸实施。如果你经常做下面的练习，就会发现，大脑在清除认知粘连后，会逐渐出现新的程序和正面的情绪。这就跟你学跳舞一样，一开始你必须全神贯注，这可能需要你很努力。但随着时间的推移，你会发现那些动作慢慢进入你的脑中，直到最后你完全运用自如。

练习1：寻找你内心的助手

当我们感觉孤独、无助和恐惧时，其实是因为内心缺少支撑，没有力量。这个练习——"寻找你内心的助手"，可以帮助你找到内心的力量。

在一堂研讨课中，有一名学员告诉我，他害怕独自完成一件事情，希望在每个困难时刻都有人陪着他。他之所以如此脆弱，是因为缺少内心的力量。内心力量最重要的一个来源是想象，想象那些能够帮助你的人就站在你的身后，他们支持你、激励你。虽然想象不是现实，却能带来现实的力量。

关于内心的助手，我的好朋友，也是我的导师卡琳讲述了她朋友莱米的一个故事。莱米出生在喀麦隆，很小的时候被带到了德国。现在她是一名成功的女商人。每当跟德国或者其他国际伙伴进行商务谈判时，在她的脑海中，从来不会单独一人。她身后站着：家族的掌舵人——她的祖母；家族最年长的人——她的祖父；她家乡的医生——她的叔叔。这种想象会带给她所需要的力量，帮助她对抗肤色在商务谈判中所带来的歧视。

我认为这种加强自我的做法非常具有魔力，想在这里向大家推荐：找到你内心的助手和支持者，他们能够在你困难的时候给予你帮助。他们可能就是莱米身后的那个人或者那支队伍。你可以设想一个已经过世的真实人物，也可以想象出一个童话里的仙女形象或者超人。用自己的想象寻找一个助手。也许你在不同的情形下需要不同的助手，这可以根据你的能力和需求而定。每次当你需要帮助时，去想象他在你身边陪着你。

练习2：强化你的成人自我

为了治愈你的阴影小孩，你需要一个强大的内心成人。他要理解，你内心的那些负面信念只是你在原生家庭所受影响的结果。成人的理性来源于能够逻辑性地思考问题，并获得认知。认知是理解世界的工具，我们可以运用这个工具获得安全感，并变得强大。我罗列出一些对事实的认知，你可以运用它们将内心的阴影小孩和成人自我隔开。

· 每个出生到这个世界上的孩子都是美好的，没有天生的坏孩子。

· 孩子可能会让人头疼心累，但是这不会改变他们的价值。在成为父母之前，每个人都应该思考，是否愿意承受为人父母的压力。

· 孩子肯定让人心烦。他们来到这个世界是脆弱的，会要求父母满足他的需求。他们的程序只是：生存！长大！学习！

· 如果父母觉得教育孩子这个任务已经超出自己的能力之外，那么他们应当寻求帮助。孩子无法提供帮助。

· 孩子有权利让自己的心理和身体需求得以满足。孩子的父母应当承担起这个责任。

· 情绪和需求是完全正常和正确的，即使是孩子也必须学会克制自己的情绪和需求，不要让它们随时表现出来。

· 父母应当理解孩子的情绪和需求。小孩没有责任去理解或者满足父母的情绪和需求。

· 父母的任务是爱孩子，欢迎孩子，孩子没有义务去博得父母的欢心。

· 孩子身上烦人的特性，例如不同的兴趣、爱好和性格等，对他们将来的发展十分重要。父母有责任理解孩子的这种特性，并把他们引上正确的道路。如果父母只是单纯扼杀这种特性，那就是一种狭隘和贫瘠。

尝试用自己的故事和信念，思考是否将过去的感受粘连到了现实；然后，逐渐清除粘连之处。

正面建议：当你思考或者谈论自己时，尝试与自己的问题保持距离，你可以通过这样的方式来实现，例如，把"我害怕被拒绝、被抛弃和被嘲笑"换成"我的阴影小孩害怕……"。我经常在来访者身上试验这一条，真的能帮助他们跟自己的问题保持一定的距离。这种表达也会阻止你完全认同自己的阴影小孩，摆脱糨糊心理。

练习3：接纳阴影小孩

我们的压力越大，越会跟自己抗争，这是一个心理法则。很多人的一生都在跟自己做斗争。这会让人疲劳，也不会带来任何结果。接纳自我是放松和有效工作的前提。接纳自我并不意味着自我必须完美，或者只接纳自己的优点。它意味着肯定自己身上所有的东西。

接纳自我的反面是自我憎恶和自我欺骗。

接纳自我是接受自己所有的情绪，不管这种情绪是积极的还是消极的。你应当允许自己感受这些情绪，认识自己的优点以及自己的局限，因为只有自己认可了它们，才能接受它们；只有自己想做，才能改变。这也说明：接纳自我不是停滞不前，破罐破摔，而是为了改变。

在做以下练习之前，请闭上眼睛，试着跟你的阴影小孩建立起内部联系。你可以内心自述并体会自己的负面信念，也可以设想一种阴影小孩十分活跃的场景，这样唤醒阴影小孩会更加容易。这个场景可能出现在童年时期的原生家庭中，那个时候你觉得羞愧、被误解、孤单或者觉得自己受到了不公平的对待。这个场景也有可能出现在你的成人生活中，那个时候你的阴影小孩感觉非常糟糕。

去感受你的感受，可能会出现一些你觉得熟悉的感觉，例如恐惧、不安、悲伤、压力或者愤怒。

去跟你的感受建立联系，在你的腹部进行深呼吸并告诉自己：“是的，这就是我的阴影小孩！”“他就是我亲爱的阴影小孩！”“你没必要躲躲藏藏，我很欢迎你！”你会发现，你越是接受他，他变得越是平静。他会觉得自己受到尊重、被接受和被理解。

练习4：成人自我安慰阴影小孩

在接下来的练习中你将站在成人自我的角度来安慰阴影小孩，让阴影小孩明白，他的负面信念和消极情绪只不过是一种错误编程。

在做这个练习前，你可以找出一张童年时的照片，帮助你唤醒儿时的记忆。相较于阴影小孩，内心成人的态度会非常慷慨慈爱。如果你觉得自己很难对内心的阴影小孩保持友爱的态度，那么请设想一下，一个可怜的孩子站在你面前的情形：他很伤心又很恐惧，而且别的孩子也不愿意与他一起玩，这时，你会怎么安慰他呢？你是跟他说"你这个笨蛋，活该没人理睬你"，还是鼓励他，牵着他的手走到其他小孩身边？你完全可以选择后者，把这种友好慷慨的态度转移到跟阴影小孩的相处之中。试着用友爱来对待自己。友爱不仅是人际关系的本质，也是你与内心阴影小孩建立和平友好关系的重要条件。

由于你心存这种友爱的态度，所以你会用一种亲切的声音跟内心的阴影小孩对话。平静而坦诚的对话，会提高沟通的效率。但是如果你觉得自己这么做太愚蠢，也可以用自己喜欢的措辞。

1. 现在，内心的成人可以告诉阴影小孩当时的情况。这需要你根据自己的情况而定，例如，你可以这样：

啊，我亲爱的宝贝！

小时候，你跟爸爸妈妈的相处模式并不简单。妈妈总是很累很有压力，经常生病。你感觉到妈妈承受了很多东西，所以，你总是表现得很乖很听话，尽量不给妈妈增添负担。但是这并不能让你的妈妈感到幸福。她大多数时候还是很悲伤。而爸爸也总是在你和妈妈面前抱怨。不过，如果心情不错的话，爸爸也是非常有趣的，那个时候你觉得很快乐，所以你总是希望他能够保持好心情。可惜这并不会持续很久，很快他又开始冲妈妈发脾气。由于爸爸妈妈在一起并不幸福，他们总是很压抑、很操劳，所以你一直觉得"自己不够优秀""自己必须乖巧可爱""自己是爸爸妈妈的负担"……（通过这些对话，你会找到自己的核心信念。）

2. 在跟你的内心小孩进行交流时，请使用儿童语言，这会让你的内心小孩真正觉得是在交流。比如，你的母亲是个强势的人，"强势"这个词是成人语言，请把"强势"翻译成儿童语言，你可以说，妈妈总是"说一不二"。另外，"抑郁"或者"攻击性强"也并不是儿童语言，你应当把这些语言翻译成"伤心"或者"愤怒"。

3. 接下来，你应该告诉阴影小孩，所有这一切都不是他的责任，如果爸爸妈妈要求不是那么高的话，他可能会产生其他的信念。你可以这么对阴影小孩说："你并不是一个没有价值的人，只不过是爸爸妈妈对你的要求太高，你总是不能满足他们的期望。但是这并不是你的错，而是爸爸妈妈的错。如果早一点知道这些，你就会明白，自己是一个受欢迎的人，也是一个有价值的人！"

当然，你也可以这么说："嗨，知道吗？你的爸爸妈妈为你感到骄傲。虽然有时候你调皮捣蛋，有自己的主意，东跑西颠，累得他们精疲力竭，甚至成为他们的负担，但是他们一直都是爱你的。他们需要你，也非常愿意照顾你。"

你可以按照自己的问题和负面信念来组建句子。并不需要你将我的话一字不落地全盘照收，而是要学会理解这个原则。也就是说，你借助成人自我让阴影小孩明白，他的信念其实是任意的、随机的，也是可以改变的。

如果你的童年在原生家庭中很幸福，父母只犯过很少的错误，也可以进行这个练习。你可以用解释性的语言开启对话：我亲爱的阴影小孩，爸爸妈妈做了许多正确的事情，我跟他们在一起很开心，他们只是在个别的时候有点……

有一点很重要，就是你要从现在开始注意，你的阴影小孩不再占据你行动的主导地位。阴影小孩可能会生气或者沮丧，可能会逃避，也有可能会反击，但成人才是决定行动的主体。这跟现实生活中与小孩相处的方式是一样的。

例如，如果孩子害怕看牙医，那么父母应当牵着他的手，帮助他克服心中的恐惧。他不会让孩子拒绝看牙医，孩子不会占据主导地位。同样父母也不会因为孩子没有兴趣上学而让他逃学。但是，你应该允许阴影小孩表达自己的情绪：这个时候，你应该好好倾听他的恐惧和担忧。但是最终你应当理性地决定自己的行为。你应当经常跟你的阴影小孩对话，及时收到信息，没必要每次都长篇大论。

又例如，在日常生活中遇到困难，你意识到，你受到了负面信念的控制，开始害怕、愤怒或者绝望，那么试着去安慰他。也许，你的只言片语就能起到安慰的作用，或者摸摸他的头，这会让他感到安慰和平静。

摸头这个动作可以帮助你在童年模式和成人现实之间空出间距，恰恰是这个间距，能够让你觉察到过去的模式并不是必然的，你完全可以通过认知重新做出决定。

练习5：覆盖从前的记忆

人们会保留从前在原生家庭中的记忆。大脑中的神经键会通过各种线路将记忆编码。有时候，仅仅需要一个小小的触发机关就能唤醒从前的记忆——这让我想起了麦克和他被遗忘的香肠。

有些记忆深深嵌入脑中，以至于总是很快就会重新回到旧模式中去。我们的大脑无法很好地区分想象和现实，有时，想象出来的恐惧比现实的恐惧更令人难以承受。

既然大脑可以覆盖以前的记忆，重新启动这些记忆，那么我们也就能够通过改变对过去的认知，以及由此而产生的负面情绪，建立新的编码，愈合从前的伤口。如果说过去我们在原生家庭中没有获得理解和安慰，那么，现在你可以通过想象进入那个年代，安慰并理解那个曾经受伤的小孩。就像埃里希·凯斯特纳说的那样：被理解的童年永远不嫌晚。

接下来的练习叫"图式治疗"，你可以至少回忆起一个在原生家庭中的场景，虽然那时你不一定感到压抑、恐惧或者受到创伤，但一定是"不愉快的"。这些场景可能就是父母或者照料者典型的教育方式。

1. 请找出你童年时期跟阴影小孩相关的一个具体场景。你只需要回忆起这种感觉，没必要完全把自己放在那个场景中。例如，你曾经遭受过父母的虐待，那么你只需要回忆起父母抬手的那一个动作就行，没必要把整个场景从记忆中完全拉出来。但是你需要使用所谓的"场景视角"，也就是说，你并不是以外界的眼光来看待这个世界，而是从孩子的角度出发。

2. 去感受你在这个场景中的情绪，请注意不要过度深入地去感受这个情绪。比如说，你在这个过程中已经感觉到恐惧，那就足够了。

3. 运用你的想象画出你是怎么在这个场景中获得帮助的。在这个场景中会出现一个帮助你的人，你可以自由地选择这个人的形象。他可以是一个真实的形象，例如你的阿姨或者祖母，也可以是一个虚拟的人物，例如超人或者童话女巫。在这个练习中想象力没有任何限制。你甚至可以把自己当成一个成人去介入这个场景。接下来我会给你一些提示，帮助你如何覆盖自己的记忆。

· 当你的爸爸妈妈比较紧张和敏感，你可以想象这样一个场景，有个帮助你的人出现，并告诉你的爸爸妈妈，应当如何跟你相处。你的爸爸妈妈将接受心理疗法，然后一位仙女将会在你的身边保护你。

· 如果你的爸爸妈妈太具威胁性，你可以想象，警察或者英雄出现并给予你帮助。

· 如果你的爸爸妈妈经常伤心或者沮丧，致使你必须总是照顾她，那么你可以想象，青年福利局的员工将过来协调，并告诉你，作为孩子，你可以去玩，你没有义务一直照料你的父母。另外你可以给内心的小孩寻找一名可靠并且能够保护他的关系人，这个人可以是现实生活中的人，也可以是幻想世界里的英雄。

· 如果你的爸爸妈妈非常严格强势，你的帮助人应当告诉他们，孩子也需要奖励，而他们本可以更好地理解孩子。这样爸爸妈妈就有了一个导师，这个导师时时刻刻都在保护着你内心的小孩。

你可以利用想象力构建美好的结局。这个练习也非常适合于那些与原生家庭无关的负面记忆。

练习6：为阴影小孩找一个新家

针对孩子和成人对于爱和关系的需求，我们设计了这个练习，可以加强你跟父母和其他亲人的正面关系。

首先，在想象中进入一个空间，那是你在原生家庭中感到放心和安全的地方，你与爸爸妈妈相处得非常美好，尽情去享受那些亲近、友爱、温暖而柔软的时光，感受那种亲密的关系，细细品味自己受欢迎和被爱的感受。

如果你在自己的记忆中找不到任何跟父母的美好时光，请利用想象力设想一个你童年时需要的父母，他们可以是真实存在的人，比如说是你一个好朋友的父母，也可以想象出一个形象。闭上眼睛，从潜意识层面给自己构建一个新家和友爱的父母。

请想象你与新父母在一起的美好时光。做一个你曾经所希望的那个孩子。你可以在任何一个需要的场景中嵌入你的新父母，进入新家庭。

练习7：给你的阴影小孩写一封信

在这个练习中，你可以在面前放一张自己小时候的照片，这会有很多帮助。然后，以成人自我的口吻给内心的阴影小孩写一封信，以达到关心和安慰的目的。像下面这个例子。

亲爱的小芮琦：

你是一个很棒的小女孩，我为你感到骄傲。你总是担忧你的身材，这让我觉得很抱歉。对我来说，你完全没必要那么完美。不管你是什么样的，我都爱你。我在你的身上看到了很多美好的东西！在我的眼里，你是我知道的最甜美的女孩。千万别把自己跟电视还有杂志中的模特做比较。如果你到街上或者游泳池去看看，就会发现，很少有女孩子长得跟时尚杂志里的模特一样。别把自己逼得太紧。

你的那个美好亲切的芮琦

还有另一个例子。

亲爱的小于尔根：

我知道，由于你很害怕失败，所以你总是在工作中全力以赴，包括在日常生活中。我想告诉你，没必要把自己弄得精疲力竭。你已经足够优秀。即使有点松懈，你也算做得很好了。你的那些愚蠢的信念，例如"我不够优秀""我必须单独完成这件事"是来源于你的原生家庭。

我觉得你很不容易，因为你的妈妈总是很有压力，你的爸爸又很少回家，你努力想让妈妈开心，却从来没有成功过。妈妈总是那么疲惫和不快乐。所以你总是想变得更好。你在学校非常努力学习。但是你看看，妈妈总不快乐，这并不是你的责任！妈妈自己应当寻求帮助，比如说去看心理医生。她之所以感到很累，其实是因为她自身的阴影小孩在怀疑她自己。妈妈也总是在想，她不够优秀。而你是没有办法改变这些事情的！

不过，现在世界已经不一样了。我们已经长大，我们是自由的！让我们去享受生活吧！你没有必要成为最优秀的那一个。好好放松自己，去足球场。你不是很喜欢踢足球吗？做一些让你感到快乐的事情吧，你的心情会好很多。这可比辛苦工作好太多了。

爱你

你的成人于尔根

练习8：板凳对话

接下来的练习可以帮助你将内心成人和阴影小孩的感知分开，清除认知粘连，这样一来，你就能自由地做出决定并采取行动。

1. 关于这个练习，你需要首先想到一个具体的问题，这个问题可以是你自身具备的问题，也可以是你跟其他人相处产生的问题。拿出两个板凳，把它们面对面放着。然后你坐在一个板凳上，有意识地进入你的阴影小孩。从阴影小孩的角度去叙述你的问题，让阴影小孩自由表达他关于这个问题的情绪和信念。在你从阴影小孩这个角度表达和体会的同时，请有意识地体会这个问题所带来的情绪。

2. 然后，请从阴影小孩的模式中跳出，有意识地进入内心成人的模式中。为了"抖落"阴影小孩，你可以用手轻轻拍打你的身体。当你处于内心成人模式的时候，可以坐在另一个板凳上。你从这个角度观察刚刚坐在对面板凳上的阴影小孩，并且用你的理智去分析你的问题。

这里有一个例子：巴巴西有强烈的恐慌症。她害怕从 A 走到 B。她害怕失去控制，害怕无力感。为了解决她的问题，首先我让她全面感受内心的阴影小孩，然后再把它描述出来。下面是她的描述。

阴影小孩："每当想到需要独自上街时，我就会恐慌，觉得自己弱小无助，害怕晕倒。这对我来说很尴尬。我害怕自己死在大街上，没有人能救我。妈妈应该过来帮助我。我一个人做不到！"

接下来，我让巴巴西坐到另一个板凳上，以成人自我的眼光，重新审视阴影小孩。

成人自我："我看到了一个小女孩，她完全不敢独立生活。客观上来说，她不会发生任何不好的事情，就算她会晕倒，路上的行人也会照顾她。我认为，她的问题在于，她自己认为离开父母就没办法生活。因此，我可以断定，她对父母的依赖性过强。她希望一直有人照顾她，为她承担责任。她觉得自己无法掌控生活。我认为，我应该花更多精力照顾她，经常花时间倾听她的感受……"

巴巴西通过板凳对话认识到，在她害怕独自出门的背后，藏着她的童年恐惧。她意识到，她排斥了那个希望得到支持和关心的阴影小孩。当她接纳阴影小孩，明白恐惧的根源之后，也就逐渐变得独立、自信起来。

大多数人都觉得很难将内心小孩和内心成人分开。比如，他们会站在孩子的立场用成人的语言对话，说一些孩子不可能表达的内容，或者干脆相反。巴巴西开始也是这样，坐在阴影小孩的板凳上，她的原话是这样说的："我知道，我的恐惧有点过分了。"这种理性的认识是来源于成人自我。而坐在成人自我的板凳上，她又说："我最好藏在家里"——这又是阴影小孩的愿望。如果巴巴西始终分不清内心小孩和成人自我，那么她的认知就会粘连，内心一团糨糊，她的成人自我无法理解阴影小孩，而她的阴影小孩又会掌控她成年后的情绪和行为，让她一直像一个担惊受怕的小孩一样，很喜欢躲在那些能带给她安全感的人身后。

当然，完全将阴影小孩和成人自我分开非常困难。你要做的事情是，当你站在孩子的立场时，请像孩子那样说话和感受。而当你站在成人的立场时，请理性冷静地分析问题。

另外，你也可以书面做这个练习，这样比较容易区分两个部分。

练习9：从三个立场看问题

这个练习和上面的练习紧密相连。但你不必把它当成"练习"看待，可以将它视为重建真实自我的辅助工具。

"从三个立场看问题"是解决问题、调节感受和情绪的基础。开始你可以通过改变自己的空间位置进行练习；接下来，你可以把三个立场移入你的脑海，随时回忆练习。

请设想一个经常遇到的典型冲突。在这个场景中，你总觉得伴侣没有重视你、尊重你；或者你的老板总给你一大堆任务；或者你的同事总来询问你的建议，完全不管你的工作已经堆积如山，等等。

1.在房间里找一个位置（站着）。从阴影小孩的角度出发，用阴影小孩的眼光观察你跟×××的问题，体会阴影小孩的感受，以及导致这种感受产生的负面信念。

2.通过轻拍轻敲的方式抖落你身上的阴影小孩，走到房间的另外一个位置，进入与你产生冲突之人的角色。从他的角度观察你和这个场景。他的感受又是什么样的呢？

3.现在走到房间的第三个位置，从局外人的角度观察产生冲突的这两个人。请进入成人自我的模式中，并用外界的眼光分析这个场景。把你自己和产生冲突的另一个人当成舞台上的演员。思考一下，你应该给你的阴影小孩提些什么建议。

在这个练习中，你必须意识到，阴影小孩很快会失去冷静，当他进入这种状态时，他会把对方当成敌人。从阴影小孩的角度来看，这十分正常，因为他必须保护自己，为自己辩护，或者攻击，或者逃跑。

我在工作中曾遇到过这样一个例子：赫尔曼（69岁）和米兰达（65岁）结婚已经有很多年了，却经常争吵，以至于婚姻出现危机。在一次咨询中赫尔曼告诉我，他对米兰达非常生气：本来他跟朋友出去游玩，预计星期天晚上回家，可是，儿子马鲁埃尔就住在他们游玩的地方附近，儿子想去看他，所以他想也没想就答应了。赫尔曼给米兰达打电话说，自己会晚一天回家。谁知儿子再三挽留，要求父亲多住一晚，当赫尔曼再一次打电话给米兰达时，米兰达便开始"咆哮"。这让他觉得神经紧张，于是想要离婚，结束这段关系。

为了解决赫尔曼的问题，我运用了"从三个立场看问题"的练习。

1. 阴影小孩的立场："她凭什么向我发号施令？我就不能做点自己想做的事情吗？我就一定要什么都听她的？我就不能灵活决定自己的时间？我真的很生气！"

2. 接着，赫尔曼站在米兰达的立场："我很失望，我本来已经做好星期天迎接他的准备了，后来延迟到星期一，现在又变成了星期二。他总是想做什么就做什么，我毫无说话的权利。他高兴来就来，不高兴来就走，总是这个样子。"

3. 局外人的立场："天哪，米兰达很生气，赫尔曼很委屈，这都是因为他们之间缺乏沟通和理解。赫尔曼想要离婚的想法更是孩子气。他完全可以通过更理性的方式来处理这个问题，改善他们的婚姻关系，而不是逃避。"

通过练习，赫尔曼很快就获得了全新的、完全不一样的认知。站在第一个立场，他觉得自己是一个可怜的受害者，承受了妻子无端的愤怒。站在第二个立场，他理解了妻子的感受、想法和行为。站在第三个立场，他不仅能够理解自己和妻子，还能理性认识所发生的事情，进而改变自己的感受和情绪，产生新的行为。

后来，通过沟通，赫尔曼认识到米兰达之所以"咆哮"，并不仅仅是因为他想晚回去两天，而是因为米兰达感受到了不受重视、不公平，以及孤独，凭什么他与儿子一道其乐融融，却把她一个人扔在家里。有了这样的认知之后，赫尔曼恍然大悟，原来米兰达一直不尊重自己，都是因为她感受不到自己的爱意。于是这件事情便成为他改善关系的契机。

每个人都需要从三个立场看问题，一部分人只站在第一个立场看问题，忽视周围人的想法和诉求，把自己放在第一位，赫尔曼就属于其中的一个。只从第一个立场出发，赫尔曼没有办法进行周全的考虑，结果便是：只在乎自己的感受，完全不同情妻子。同样，还有一部分人会放弃第一个立场，只站在第二个立场看问题，比如那些追求和谐，讨好别人的人，他们一味压抑自己，迎合别人，总去做别人期望他们做的事情，而不是自己内心渴望的事情。爱默生说："在属于别人前，我们必须先属于自己。"这些人应该更多的站在第一个立场，尊重自己的感受，学会跟他人分离开来，去感受自己，了解自己到底想要什么，到底什么对他们来说是重要的。关于这一点，本书还会详细讲解。

当我们学会在前面两个立场自由转换之后，就很容易学会站在第三个立场看问题。在这个立场，我们既在乎自己，也在乎别人，关键是还能根据实际情况做出最明智的选择。

Das Kind
in dir muss
Heimat
finden

第八章

开发你内心的阳光小孩

　　每个原生家庭都有阴影的一面，也有阳光的一面。一个孩子如果在原生家庭中从来没有得爸爸妈妈丝毫的关心、温暖和爱，就很难存活下来。所以，每个人的内心除了都有一个阴影小孩之外，还有一个阳光小孩。

　　阳光小孩是我们喜爱的一种内心状态。他无忧无虑，不后悔过去，不担心将来，是一种活在当下的能力。他快乐活泼，积极主动，对事事充满好奇。他从不怀疑自己，喜欢自己本来的样子，也从不把自己跟其他小孩比较，而是倾心于外面的世界。他会大声地说笑、蹦跳、歌唱和享受人生，也会静下心来学习和工作。

　　回忆一下，当你还是个孩子的时候，你是如何忘情地玩耍，尽情欢笑。回忆一下童年你在原生家庭中的好奇心和冒险精神。想一想，童年时你是如何本能自由地看待这个世界的。再想一想，你小时候是不是很少跟其他小孩比较。请主动思考一下，你现在的成人标准，也就是所谓的美与丑、对与错、成功与不成功，在你童年的时候起不起作用。仔细回忆在原生家庭中，你和家庭成员在一起的幸福时光。

　　想走一条新路，就必须与旧模式告别，以一种新模式取而代之。为此，我们需要通过一些练习开发你心中的阳光小孩。

　　与寻找阴影小孩不同，这次我们要发现支持性的信念，唤醒你内心强大的那部分，还将寻找你的个人价值观，维护和支持你的观点和行为。最后，我会告诉你，如何组建更为健康可持续的关系，还会展示除保护策略之外的行为方式，即与保护策略相反的价值策略。

开发你内心的阳光小孩，并不是"重新创造"一个你，因为在你身上早就存在着积极正确的一面，要知道：你生而闪耀。我们只想改变那些给你和你身边的人带来问题的观点和行为。不过，在做具体练习之前，我还想对责任这个话题再说两句。

我们总是生活在臆想中，认为其他人、事和情形会让我们产生情绪。例如本书开头提到的麦克就认为，萨宾娜要为他的愤怒负责，因为她忘记了他的香肠。像麦克一样有这种想法的人还有很多，他们的心情总是由别人的言行决定。如果得到夸奖，他们会开心；受到批评，他们会沮丧生气；堵在路上，他们会怨声载道。他们的感受和情绪多半是来源于外界的事件、身边的人或者不期而遇的事情。这种感知方式导致他们把自己的问题和情绪归咎于他人，归咎于坏脾气的老板、恶劣的天气，以及抛锚的汽车，等等，唯独不向内进行反省。

当然，没有人生活在真空中，谁可以完全不受外面事情的影响始终保持内心的愉悦？我自己都觉得不可能。但是，没有任何一个人可以完全凌驾于另一个人之上，最终决定我们行为和观点的是自己，我们才应该为自己的情绪、决定和行为负责。碰上坏脾气的老板、恶劣的天气、抛锚的汽车，我们可以愤怒、生气、沮丧，但也可以利用这些事情来锻炼耐心和冷静度，承担属于自己的那一份责任。

只有认识到自己的责任时，我们才能主动掌控自己的心情。如果意识不到，便很难做到这一点。例如，我的来访者中有不少人希望我可以帮助他们解决问题。他们每次都准时赴约，并希望我能够组织一些活动让他们不再感到烦恼。但这不会起作用。跟身体医疗不同，心理治疗并不能立竿见影，需要来访者自己意识到自己的问题。如果来访者只是期待别人做什么，自己什么都不做，仅仅是亦步亦趋，他的心理始终是被动的，甚至是停滞不前的。

在心理治疗时，医生当然要承担自己的责任，但同时来访者也要主动承担自己的责任。如果来访者来看心理医生，认为心理医生会解决他的问题，并顺势把全部责任都推到心理医生的头上，那么治疗就不会有任何效果。来访者意识不到自己的责任，即使在心理治疗时，也不会主动解决问题。相反，那些通过观察、反思，并能主动意识到自己责任的人，则能积极处理他们的问题，治疗一般都比较顺利。再高明的心理医生也只能起到辅助作用，真正能解决心理问题的，只能是他们自己。

我希望你去想一想，你在哪个人生阶段承担着责任？你觉得哪个地方应该改变，才会让你觉得更好？在什么时候你又觉得自己太过依赖外部世界？或者被自己的脾气、情绪牵着鼻子走？可能你的成人自我知道，自己如何改善自己的境况和情绪。比如说，成人自我知道，换份工作可能更好，如果不行，那就应该积极改变对现有这份工作的态度。成人自我也知道，期待自己的伴侣改变没有意义，也不现实，自己应当接受伴侣本来的样子。或者他还知道，他应当通过改变对伴侣的态度来改善彼此之间的关系。抑或他认为，分开对这段关系更加有

144

利。也许你现在还没有伴侣，希望他（她）在不久的将来会出现。但是请注意：这是阴影小孩的希望。内心的成人知道：他（她）应当主动去寻找伴侣。

成人自我大多数情况下都知道自己应该做什么。害怕改变的是阴影小孩，是他在影响成人自我的行动能力。很多失败都源于恐惧，而恐惧则源于不敢承担失败的责任。要承担失败的责任，就需要有能力容忍沮丧、痛苦，以及一系列的负面情绪。

当然，这个世界上还有一些与自身责任无关的打击，这是人们无法改变的。比如说亲人去世或者自己生病，还有那些生活在战争和危险地区的人们，他们几乎无力改变自己的命运。在这种情况下，人们很难找到可以对抗命运的内心支持力。但就算情况再糟糕，就算最终会死，有些人也能够做好思想准备，接受命运，开始自己的生活。

因此，请寻找为自己幸福负责的支撑点，这个支撑点必须是百分百属于你自己。不要去等别人改变，或者期待一些好事发生，你要主动进入你的人生，改变你想要改变的事情。接下来的练习会在这条道路上支持你。

练习：发现你的积极信念

现在，开始接受你的阳光小孩。

我们需要一张纸和彩笔来进行以下练习。

请在一张 A4 纸上画一个孩子的剪影。跟阴影小孩不同，这个孩子应该是彩色、漂亮和愉悦的。阳光小孩是一种目标状态，招人喜爱的剪影能够给新的生活带来快乐和动力。尽量把你的阳光小孩画得漂亮一些，好像你要去得绘画大奖一样。给这个小孩画一张脸和头发，按照自己的品位和喜好装饰你的小孩（请参见这本书的封底折页）。

要找到自己的积极信念，可以分两步进行：第一，看自己从爸爸妈妈身上接受了哪些积极信念；第二，把阴影小孩的核心信念转换成积极的信念。

童年的积极信念

在原生家庭中，如果你跟爸爸妈妈的关系足够好，想要他们和你的阳光小孩在一起，那么请把爸爸妈妈写在小孩剪影的左右两侧，并思考他们有哪些优秀的品质，做了哪些正确的事情。请做好记录。当然，你也可以把爸爸妈妈的优秀特质写在另外一张纸上，这里只写阳光小孩从他们那里汲取到的积极信念。如果你跟父母的关系非常糟糕，不想让他们待在阳光小孩身边，请完全忽视这一步。

或许你有一个可亲的爷爷奶奶、友善的邻居或者一位善解人意的老师，他们都给你的童年带来了温暖。那么请把这个人画在小孩剪影旁边。

如果你写下了父母的优秀品质或者其他人的优秀品质，那么请感受一下：你从他们身上获得了哪些积极信念？我这里给你一份积极信念列表，供你参考。

积极信念表

我备受关爱！

我是有价值的！

我足够优秀！

我很受欢迎！

我很满足！

我得到了足够的东西！

我很聪明！

我很漂亮！

我有得到快乐的权利！

我可以犯错！

我值得拥有幸福！

生活并不困难！

我可以做我自己！

我也可以成为别人的负担！

我可以反抗别人！

我可以有自己的想法！

我可以有自己的感受！

我得把自己和别人分开！

我可以完成这件事。

如果你找到很多个积极信念，请选择其中的两个，并把它们填写到孩子剪影的腹部。跟阴影小孩一样，我们不必面面俱到，只需要处理最重要的那些信念。

转换核心信念

请回忆一下你的消极核心信念（请参考第 58 页）。现在，我们打算把这个消极核心信念转换成积极核心信念。消极核心信念"我没有价值"或者"我不够优秀"的反面是"我有价值"，以及"我足够优秀"。

不过，有些信念是很难转换的，因为这些负面信念的反面并不是积极信念，比如说，负面信念"我对你的幸福负责"，这个信念的反面并不是"我不对你的幸福负责"。从潜意识层面来讲，"不"是个很麻烦的词，因为"不"去想一件事非常困难。如果我现在跟你说，不要去想那只身上有虎纹的小猫咪，你可能会不由自主地想它。因此，"我对你的幸福负责"的反面可以是："我得把自己和别人分开！"或者"我可以做自己的事情！"或者"我的愿望和需求同样重要！"

类似，信念"我是别人的负担"的反面可以是："我也可以成为别人的负担！"例如当我们生病或者需要帮助的时候，我们不可能不成为别人的负担。相同的情况还有："我可以犯错误。"

由于积极信念是可以接受的，所以当我们用"我很漂亮"来替代"我很丑"时，可能会感到有些难以接受。我的建议是用"足够"这个词，即"我足够漂亮"或者"我足够好"。

你也可以给自己的信念加一些修饰词，这对你来说更容易接受。例如，如果你觉得"我很重要"这个信念太过夸张，很难接受，可以做这样的限定："对于我的孩子 / 朋友 / 爸爸妈妈来说，我很重要。"

重新去表达你的信念，让你的信念听起来更加舒服。

请在你的阳光小孩身边写下你的积极核心信念。

练习：找到你的优点和资源

除了积极信念之外，找到你的优点和资源也非常重要，例如幽默、勇敢或者社会能力等。现在，你不妨变得大方骄傲一点——"骄者必败"是有史以来最糟糕的谚语。如果你觉得夸赞自己是件很难的事情，那么你想想，你的朋友是如何称赞你的，可以问问他们。

为了让你更好地感受自己的优点，我给你提供了一个优点列表。

优点列表

幽默、诚实、忠诚、乐于助人、聪慧、有创造性、反应快、社会能力强、有同情心、纪律性强、有吸引力、灵活、容忍度高、搞笑、热爱运动、约束力强、大方、素质高、求知欲强、沉稳的、充满激情的、稳重的、健谈的、谨慎的、有上进心，等等。

请把你的强项画在你的孩子剪影上面（请查看书的封底折页）。

从资源这个角度讲，我们想要搜集你的力量源泉，例如给予你力量和支持的外界因素。

资源列表

好朋友、正常的关系、家庭、孩子、好工作、足够的金钱、健康、大自然、音乐、漂亮的房子、宠物、友好的同事、旅行，等等。

请把你的资源也画到你的阳光小孩旁边（请参见书的封底折页）。

如果你已经找到你的资源，接下来可以探索一下你的价值观。

价值观是如何帮助我们的

很久之前，人们就意识到，人类是一种自私的生物，只会按照对自己有利的方式行动。

然而，最新的大脑研究却提出了相反意见：一个完全自私的人没有任何生存机会。取而代之，人类的目的是在群体中生存和合作。著名的科研作家施特·凡克莱在他的作品《给予的意义》中写道：我们的大脑对利他主义的渴望，跟对性以及巧克力的渴望相似，如果认为自己的行动有更高的价值，能服务社会或者他人，那么，我们感受到的幸福指数会更高。

人们在行动中寻找意义，没有意义的生活会让人感到空虚和抑郁。

抑郁症的主要问题是感受到漫天卷地的无意义感。

维也纳杰出的心理医生维克多·法兰克尔发明了著名的意义疗法。他认为，如果人们按照更高的价值观行动，做有意义的事情，就能战胜内心的恐惧。如果我们看中的是意义和目的，而不是自我保护，就能不断超越自己。比如说，你非常害怕跟上司说出内心的真实想法，因为他会在下次升职加薪的时候直接把你忽略，但是，如果你不是考虑自己的得失，而是出于一个更高的目的，比如整个公司的发展、同事的利益，甚至公平和正义，那么，你也就有了说真话的勇气。

更高层次上的价值观，比如，公平和正义，能给予我们鼓舞、力量和勇气，最终战胜阴影小孩对于失败和自卑的恐惧。

价值观是一种神奇的治愈方式，人们把它称为治愈恐惧的良药。尽管没有留意，我们每天行动的基础皆源于价值观。大多数情况下，只有价值观受挫时，我们才会意识到自己的价值观。例如，当公平和正义这种价值观遭到破坏时，会给我们造成毁灭性的打击。与此同时，我们也可以有意识地积极使用高层次的价值观，找到我们的力量，即内心的支持力。

实际上，许多阴影小孩的保护策略是以自我为中心的表现。人们忙于自身的保护策略，就很容易丧失高层次的价值观。这里我给大家举一个日常生活中的小例子：

萨布瑞娜最近对她的闺蜜爱莎一直很冷淡，起因是爱莎说她不够瘦，穿那件衣服不太合适。萨布瑞娜觉得爱莎暴露了她的弱点，伤害了她，于是选择跟她保持距离。很明显，在这件事情上，萨布瑞娜的阴影小孩采取了"回避"的保护策略，却忘记了她可以具有高层次的价值观。这些价值观分别是公平、友谊、坦诚和勇气。

其实，萨布瑞娜可以问问自己，这种行为对爱莎来说公平吗？公平的价值观能够突破狭隘的自我，让人站在对方的立场考虑问题。如果萨布瑞娜具有公平的价值观，就会发现自己的冷淡也伤害了爱莎。与此同时，如果她的价值观重视友谊，想到自己与爱莎之间那些美好的回忆，也断然不会轻易与她产生摩擦。当然，即使摩擦已经产生，只要萨布瑞娜能恪守坦诚和勇敢的价值观，开口说话，而不是藏着掖着，一直闹别扭，她们之间的友谊也不会破裂。

也许，你可能会问这样一个问题：为什么萨布瑞娜要对摩擦负责呢？毕竟是爱莎伤害了她。这里请大家注意一下责任问题：由于我们并不知道爱莎的话语是否具有伤害性，也许这些伤害的话只是爱莎的无心之言，并不是她内心扭曲感知作怪的表现。但是，不管怎样，萨布瑞娜都感觉受到了伤害，这种伤害最大的源头不一定是来自于爱莎，很可能是来自于萨布瑞娜自己的信念——"我很丑""我不够优秀""我太胖了"。也就是说，恰恰是因为萨布瑞娜内心很脆弱，爱莎对她身材的评价才会起作用。即使爱莎只是说：我觉得你穿黑裤子比短裙好看！萨布瑞娜的阴影小孩听到耳朵里的也可能是："你的腿太粗，不适合穿短裙！"然后便觉得自己受到了伤害。显然，这并不是爱莎的本意，是对方阴影小孩臆想出的意思。

臆想出来的伤害很常见，却都有原生家庭的影子。

一个人越是对自己不自信，越容易把别人的话语或者行动看成是一种批评或拒绝。因此，如果萨布瑞娜能够开口解除误会，对友谊会很有帮助。例如，她可以问一下爱莎做出这个评价的原因，这也许就足以帮助她解除误会。另外我也想说，没有人是十全十美的，也没有任何一种交流是百分之百完美的，比如说，我的无心之言可能会伤害一个朋友；或者，我诚实地评价自己，对方却觉得难以接受。我们没办法预估自己的话语和行动会给对方带来什么结果。尽管我们一直努力变得礼貌亲切，但是这并不意味着对方能够完全感知。我们能够控制的是，在必要的时候坦诚表达出自己的观点，理解对方，化解冲突。

如果你意识到自己选择了一种保护策略作为外壳，那么问问内心，自己的这种做法对对方是否公平。在考虑自我保护的同时，请问问自己，自己的所作所为是否正直。请不要用"我怎样才能更好地保护自己"这样的问题来决定自己的行为，你可以换个问题，例如说："什么是正直的？什么是有意义的？"如果你把这个问题作为个人行为的动机，那么你的阴影小孩和他的恐惧就失去了存在的根基。这不仅会帮助你更好地理解自己，也会帮助你成为一个更好、更有价值的人。

练习：确定你的价值

找到自己的个人价值观，它将以一种健康的方式帮助你治愈阴影小孩的弱小和恐惧。当你开始思考的时候，可能会想到很多对你来说重要的价值观，例如坚韧、公平，以及乐于助人。注意，这个练习中的价值观不能超过3个，其原因跟信念一样，数量少能够让你在日常生活中很快查找到。

你的价值观应该与你的保护策略相反，比如说，你的保护策略是撤退和追求和谐，那么你需要的是支持你、代表你和为你战斗的价值观，包括：正直、勇气、勇敢、公平、责任或者礼貌。

如果你的保护策略是追求完美，以及想把所有的事情做好，那么好的"价值观"可以是：真诚、真实、冷静、生活乐趣、信仰或者恭顺。

如果你的保护策略是追求权力，那么你的价值可以是：信任、同情、民主，这会帮你缓解自己的权力欲望。

我们的目的是要找到那些可以帮助你治愈阴影小孩恐惧和担忧的价值观。为了方便你有更多灵感实现目标，我做了一张关于价值观的列表。

价值观列表

公平、公正、坦诚、勇气、勇敢、忠诚、正直、忠心、责任、诚实、仁爱、友谊、信任、生活乐趣、温柔、冷静、细心、大方、反省、自律、聪明、教育、同情、礼貌、关照、乐于助人、节俭、透明、民主、容忍度高、为他人着想、理解、温和、友好、义务和爱，等等。

请用彩色的笔将你的价值观写在阳光小孩的头部。这个位置意味着，这些价值观是"首要的"，可以帮助你强化自己的内心成人（请查看这本书的封底折页）。

快乐是可以训练出来的

　　新的信念、价值观，以及对自身优点和资源的认识能够帮助我们治愈阴影小孩，让阳光小孩重新焕发活力。不过，要实现这个目的，跟心情和情绪息息相关。心情不好时，所有我们觉得有用的优秀价值观都会变得无足轻重。心理学家严斯·柯森在《我和其他人》一书中告诉我们，心情是如何影响思考和评价的。如果心情很好，那么我们是快乐、幽默、善良和舒适的，不仅自己过得很好，也会让其他人感觉舒服。如果心情糟糕，那么我们很容易激动和愤怒，或者退缩至自我保护的壳中。

　　我们一直努力的目标就是让心情变好。这和我们的快乐感知紧密相连：我们想要尽可能避免不愉快的事情，尽可能让自己变得快乐。换句话说，我们在追求快乐。快乐的道路有很多条，但是有一些核心的东西对所有人都适用。古希腊人对这点早已了然于心，他们创造了"幸福原则"这个词。希腊人对于幸福原则的理解是：幸福不是通过外界因素达成的事情，而是一种正确的生活方式引发的结果。正确的生活方式包括自强不息、自律和美德。幸福原则与享乐主义完全不同，享乐主义是感官的享受。感官的快乐会给我们带来短时间的快乐，但是正确的生活方式会给我们带来平静而持久的幸福。柏拉图和他的同僚们早已预知我们现在的观点，因为我们并没有开发出别的内容。最新的脑研究数据证明，古希腊哲学家在大体上都是正确的：快乐是可以训练的，并且我们对于生活的态度有着紧密的联系。佛教中也有着类似的说法，不过，他们的重点不是追求快乐，而是消除痛苦。佛学中对于正确的生活方式有着清晰的描述，他们的教义是"高尚的人生八苦"。

快乐是可以训练的——这一观点已经得到科学的论证。脑科学家理查德·大卫森找到几位僧人来进行科学实验。这几位僧人躺在吵闹的核磁共振成像管中，全身保持放松，尽管这非常困难，但是他们的确做到了。研究者在他们冥想的时候观察他们的脑部。结果表明：积极的冥想改变了他们大脑的结构。僧人左脑的活动比其他 150 位非佛教人士多得多。这个大脑区域以及活动对应的是好的心情和乐观的状态。因此，乐观主义者的左侧额叶皮层要比不乐观的人活跃很多。而天生幸福感较高以及得到完全训练的佛教徒皆是如此。这个实验的结果说明，快乐是一种可以被训练出来的能力，就像我们的肌肉一样。

这本书会告诉你如何获得好心情，如何取得"正确的生活方式"。我们不仅可以借助于价值策略找到新的行为方式，还可以通过想象和身体记忆给我们安上一种新的生活情绪模式——阳光小孩。

在激发出你内心的阳光小孩情绪之前，首先给你的内心成人一些信息：正如我之前已经提到过的，我们的大脑不擅长区分现实和想象，这样一来，想象就变得十分重要，是改变之路上一个非常重要的辅助方式。我们的大脑可以迅速地借助于图像、颜色、气味和声音等产生积极或是消极的联想。

你肯定也有类似经历：一幅景象、一首乐曲或者某种香气，能让你想起另外一些事情，进入另外一个世界。我们可以利用大脑的这种能力，联想一些积极场景，帮助你转换到阳光小孩模式。另外，我们会把阳光小孩与你的身体感受相连。身体对情绪有着重要的影响。神经生物学研究证明，心情不仅会影响我们的身体姿势，身体姿势也会影响我们的心情。如果挺起胸膛走路，而不是缩着肩膀，自己也会感觉到自信。不信的话你可以试一下。

美国社会心理学家艾米·科迪研究过，身体姿势是如何影响心情的。例如，她在实验中发现，不管男人还是女人，如果他们在自我介绍之前花两分钟时间保持主导位置的姿势——叉开双腿，两手叉腰，那么，他们在自我介绍时会表现得不慌不忙，不卑不亢，十分自信。

练习：固定你的阳光小孩

运用以下练习，我们可以将阳光小孩固定到你的情绪、精神和身体中。你也可以把这个练习当成是一种游戏，你的阳光小孩一定很乐意听到这种说法。

在这个游戏中，你最好站着。把画着阳光小孩的那张纸放在地上。感受一下你的身体——他今天过得如何？然后把你的注意力放在你的胸腹部——这里是你情绪的中心。

1. 大声念出你的积极信念，然后感受这些情绪。如果你小声地念出来，你又是什么感受？

2. 设想一个生活中积极信念发生作用的时刻。这个时刻可以是你和朋友的聚会、工作、运动或者旅行，或者是听音乐，或者是享受大自然的风光。你肯定经历过至少一次这样的情形，阳光小孩发挥了作用，你觉得心情很好。

3. 然后，请从你的资源方面寻求帮助。接着，利用你所有的感官，包括视觉、听觉、嗅觉和味觉，感受这些给予你的力量。

4. 再去想想你的优点。当你小声说着这些事情的时候，你不仅要去想，而且要去感受你身体的感觉。它们给你的身体带来了哪些感受？

5. 大声把自己的价值观告诉自己，感受一下，你的身体因为这些价值观产生了哪些共鸣和感受。感受一下，这些又给你带来了怎样的力量，又如何让你安静下来。

6. 一起感受一下你的身体是如何感受阳光小孩的。

保持内心的这个状态，在房间里走动，发现你阳光小孩的态度。感受当你处于这种状态时，你的身体是什么感觉。有意识地体会，当你处于阳光小孩模式的时候，你的呼吸是什么样的。找一个可以表达你阳光小孩情绪的动作。让自己的身体自如地产生这个动作。在日常生活中，这个动作就像是一个锚，只要你需要，会让你迅速找回原来的状态。例如，我的一位来访者自如地打开双手，就像去接一个盘子一样，这个放松的手部动作就是她的阳光小孩动作。

请把好的情绪填入你阳光小孩的腹部。

附加内容：保持阳光小孩这个好的内在状态，用一幅图画描绘出这种感觉。也许你看见了大海，美丽的风景，游乐场或者是森林中的小房子，让阳光小孩给你自己画幅画。感受这份惊喜。

用一个关键词来形容这幅你在阳光小孩状态下的画。

日常生活中的阳光小孩

那个彩色的阳光小孩剪影是你追求的状态，会给你外部支持，如果你定期加强阳光小孩练习，他也会给你内心的支持。在下面章节中，我们将寻找你的价值策略，重建自我。

你现在可以尽可能多地唤醒自己的阳光小孩，正如练习的那样。如果时间不够，你可以简单说出自己新的信念和价值观，也可以回忆一些你的强项和资源，还可以通过想象很快进入阳光小孩模式。尽量联系所有的内容，根据你所在的场景，选择你最需要的方式。重要的是，你可以在你的内心去感受，哪些共鸣唤醒了你的信念、你的价值观、你的记忆和你的资源，这样可以帮助你把阳光小孩固定在你的身体中。

当然，你也不要忘记你的阴影小孩，他总是会无声无息来到你身边，让你再次陷入从前的情绪和信念当中。你的内心成人必须非常清醒，当你陷入阴影小孩模式的时候，要迅速反应过来，这样才能有意识地进入阳光小孩模式，或者安慰你的阴影小孩。你也可以直接进入成人自我模式，你非常清楚自己的突围方式是什么，现在出现的是以前的情绪和投射，这跟眼前的现实情况并不相符。

另外，你应该在日常生活中给予阳光小孩更多的成长空间，更多的快乐、生活乐趣和滋润。能提升你的情绪，不伤害自己和他人的健康行为都是允许的。问问你的阳光小孩，他有哪些好主意，他一定对此有很多自己的见解。

最好可以借助于一些小的游戏开始自己的一天。以下的游戏花不了你 5 分钟时间：

微笑是一剂良药。就算一个人不想笑，保持微笑也能帮助到他。经研究证明，假装的笑容也能起到积极的作用，这也是微笑瑜伽的基本思想。我曾经在一堂研讨课上说起微笑瑜伽，一个学员对我说，微笑带走了他的抑郁症！这就是微笑的力量。所以给自己几分钟时间，让自己微笑。笑就行。你会惊喜地发现，你的那种刻意微笑会变成真正的微笑，甚至是变成一种捧腹大笑。

接下来你还可以增加下面的游戏：把你的手臂伸向天空，望向这个方向，告诉自己新的信念和价值观。如果你愿意的话，你也可以增加你的优点和资源。

然后跳动起来，做一些你还是孩子时会做的动作，比如摇摆手臂、扭屁股、傻笑等。

你早上起来也可以做一个简单的好心情锻炼课程。你可以跟着音乐跳舞或者进行蹦床运动。我几乎每天早晨起床都会进行蹦床运动（几乎是每天）。在我们的大脑中，跳跃运动跟我们的好心情紧密相连。另外，蹦床是一种完美的健身器材，它的成本不高、很容易打理、方便操作，并且门槛也低。

一方面，阳光小孩的感受是使用价值策略的基础。另一方面，价值策略也会帮助人们进入阳光小孩模式。

Das Kind
in dir muss
Heimat
finden

第九章

去掉保护的外壳，
露出真实的自我

在接下来的两章中，我会介绍一些方法，帮助你调节自身的感知、想法和情绪，尽可能保持在阳光小孩的模式中，或者处于理性的内心成人状态。

我们将致力于消除负面信念，以及随之带来的认知粘连和感知扭曲，还将采取名为价值策略的方法，减少使用保护策略的频率，重建自我。换句话说：我会帮助你去掉保护的外壳，露出真实的自我，并喜欢上你本来的样子。

事实上，从保护策略到价值策略，就是在过去的伤痛中重建自我。一个人越能认清自己，就越没有必要戴上保护的外壳，躲避这个世界。他表现得越真实，人际关系就越融洽，越能更好地跟他人相处。

价值策略不会告诉你，怎样才能变得更完美，并对这个世界感到满意，却会告诉你，怎样才能变得更真实，用一种合适的方式说出自己的想法，让自己和内心的阴影小孩和谐相处，活出真实的自我。**如果一个人活出了内心的真实，那么他也就实现了自身最大的价值。**

有了保护的外壳，我们不再真实

在我们的生命中，几乎所有的东西都围绕着人际关系。好的人际关系让我们感到幸福，不好的人际关系让我们感到痛苦。如果一个人感到孤单，即使再多的财富又有什么用？如果身边一个知心人都没有，再成功又有什么意思？无边的孤独是一个人所能承受的最糟糕状态。每个人都渴望被他人认可，并成为团体中的一部分。正如我写过的那样，人们对于关系的渴望根深蒂固，而保护策略的目的就在于，帮助我们获取他人的认可和喜爱，并保护自己免受他人的攻击和拒绝。

整个人类世界的运作都遵循"渴望被认可"原理。

但长期以来，我们一直错误地认为，如果想获得认可，就必须变得更好、更美、更有力、更有钱，或者干脆变得"与众不同"。于是我们运用保护策略，掩饰自己的缺点，变得不再真实，或者部分不真实。借助保护策略，我们仅仅展现出自己所谓光鲜的一面，而把不光鲜的一面隐藏起来。正因如此，保护策略不会让彼此变得亲近，反而会拉开我们和其他人的距离。

保护策略就像一层壳，在躲避和隐藏中，让我们丧失了真诚和真实。正如攻击和反击不会让人变得亲近一样，保护策略也不会。真正的亲近来源于真实和坦诚。

如果你现在提出反对意见，认为自己完全不需要多么亲近的关系，照样过得非常舒适，那么你现在和他人保持距离，其实就已经进入了保护策略模式。跟天性外向的人相比，就算是天生内向的人，不需要很多交际，但至少也需要一个让自己感到亲近和幸福的人，一个喜欢他甚至爱他本来样子的人。这个就是我们所有人追求的东西。

与保护策略不同，价值策略不会帮助你塑造完美的自我，即那个你人设的理想形象，也不会盲目去寻求别人的肯定和接纳，直接改善你与他人的关系，它的目的仅仅在于帮助你做回自己。但最后你会发现，真实的你比完美的你更能拉近你与他人的距离。在那些真实展现自己缺点的人面前，人们会感觉更加舒适。而在那些看起来完美无缺的人面前，我们会感觉没有价值，地位低下，甚至惭愧。完美尽管会让其他人对我们产生嫉妒，却不会让我们真正受到欢迎：真正令人喜欢的是那些有缺点、有血有肉的人。

大多数前来咨询的人都是在寻求帮助，因为他们的人际关系出现了问题。可能是跟伴侣、跟同事、跟朋友、跟家人或者跟所有人都出现了问题。有些问题，乍一看跟人际关系无关，但实际上也属于关系问题，例如抑郁症或者恐惧症。在这些问题的背后经常隐藏着人际关系问题，正如我们在前面章节从巴巴西身上所看到的那样。

做回自己，折磨你的人也会变成"灰天使"

在人际关系中，总会碰到一些无理取闹、难以相处的人，他们的出现会不由自主改变我们。因为我们会反省：为什么偏偏我这么倒霉，碰到了这类人？为什么我没有办法摆脱他们？

或者为什么没办法和他们保持距离？在每一段关系中，我们都可以思考一下自己存在的问题，并获得觉察。

虽然人际关系出现的问题是负面信念和保护策略的产物，但是我们也可以从每段关系中认识自己，学习经验，甚至还可以从那些难缠的人身上获得有用的东西，至少可以通过他们知道自己的底线。

著名的心理学家罗伯特·本兹把这些难以相处的人称为"灰天使"。这个描述非常有趣贴切。罗伯特认为，他们是打上引号的天使，因为他们不是用自己的善良来帮助别人，而是通过自己的缺点帮助别人更好地认识自己。例如，保护策略是追求和谐的人，就可以通过"灰天使"了解到，我们应该表达自己的想法。相反，如果我们非常容易失去理智，就可以通过与"灰天使"的沟通使自己保持冷静。但是，要让那些折磨你的人成为"灰天使"，必须有一个前提条件，那就是你要对这段关系保持觉察。

也许你不止一次受到过"灰天使"的不公正评价和错误理解。这让你感到愤怒和无助。例如，他们污蔑你，在你身上投射了一些你完全没有做过、说过或者打算做的事情，让你陷入被动的状态。正常情况下，这种情形很难沟通解决，因为作为"施暴者"的"灰天使"，他们是"认知粘连的人"，你不可能通过摆事实、讲道理的方式消除他们扭曲的内心，他们必须进行自我反省，才能去除心中的阴影，看清事情真实的样子。如果他们没有准备好，或者没有这种能力做这件事，那么其他人也没有办法帮助他们。

如果一个人在某种程度上过度依赖感知扭曲的人，情况会变得更加糟糕，尤其当对方是上级、妻子或者父母时。对方的感知扭曲程度越深，就越难进行自我反省，也就更不可能和其他人处理好人际关系。在这种情况下，唯一有意义的解决方式是自己觉察到这种关系的扭曲，果断脱离，断开和他的联系，如果不可能的话，至少从内心跟他保持距离。

有时候，我们自己就是别人的"灰天使"，即我们既是受害者也是施暴者。我们受到过不公正的对待，同时因为自己的感知扭曲也让其他人受到不公正的对待，忽略了别人的痛苦。要想改善人际关系，就必须从自己的感知着手，包括自我感知，即阴影小孩的感知。在阴影小孩的感知中，如果与对方相处，自己处于弱势，那么在阴影小孩的眼中，对方就成为攻击自己的人。相反，如果臆想自己高人一等，那么阴影小孩又会把对方看成"蠢货"。很多时候，我们都会首先用这种感知看待他人，并采取保护策略。可怕的是，这种感知不是客观现实，而是主观臆想。只有从阴影小孩的角色中做回自己，我们才能看清客观现实，不再活在臆想、粘连和扭曲中，将折磨你的人变成"灰天使"。

跳出自己，观察自己

改变的基础在于，能意识到自己真实的状态，并且接受本来的样子。只有当我们和自己保持一定的距离，才能看清真相，否则就处于当局者迷的状态，而不是站在观察者的角度看待问题。

从当局者角度来看，人能看到外面的世界，却看不到自己。

而从观察者角度来看，人却能从外面看到自身。

我们之所以有阴影小孩，就是因为总站在当局者的角度，相信自己感受到的、看到的，以及想到的所有东西，认为自己的思考和情绪都是正确的。当我们在看电影时，就处在这种当局者的幻想中：尽管知道电影是虚构的，也会跟随剧情害怕、兴奋、感动或快乐。如果是阴影小孩在给我们放电影，想要把自己抽离出来，是一件非常困难的事。尽管我们了解阴影小孩和他的信念，却不可救药地总会陷入他所虚构的现实中。我在来访者身上也总是能发现这一点：虽然他们非常了解应当如何解决自己的问题，但是在真正遇到问题的时候，又会迷失其中。我认为，这有三个原因：

1. 我们的内心成人不认为阴影小孩的事情有多么重要。

2. 我们已经习惯于透过童年记忆去看待这个世界，因此相信另一个现实对我们来说很难。

3. 我们不愿意为自己的情绪和思考负责，总想逃避属于自己的责任，更期待别人救赎自己。

对阴影小孩的认同通常是自然而然发生的，而且是无意识的。33 岁的克里斯汀告诉我关于她房子续租的事情，这让她感到非常生气。她与房东约好续签的时间，谁知房东却晚到了 1 个小时，克里斯汀感到非常生气，愤怒地跟房东大吵了一架。

克里斯汀很容易变成愤怒的奴隶。尽管她多次在心理治疗课上跟她的阴影小孩进行过对话，但依然意识不到阴影小孩就是那个愤怒者。当我们在治疗课上从阴影小孩的角度分析所发生的事情时，她非常震惊地发现，阴影小孩的确参与了她的愤怒。房东晚到本来是可以解释清楚的事情，但却触发了她内心的阴影小孩，她的阴影小孩认为："这个人觉得我太好说话了，他故意怠慢我，瞧不起我，所以才迟到的……"这个阴影小孩背后的信念其实就是"我不重要""我是个小人物"。这种信念让她感受到了屈辱和伤害，于是很自然就使用了攻击（愤怒）的保护策略。但是不要忘了，克里斯汀的愤怒并不是建立在真实的"场景"之上，而是她对这个场景的解读，来源于阴影小孩的认知粘连。如果她不是这么自我地看待房东的行为，她肯定能够保持冷静。

类似克里斯汀的情况比比皆是：我们经常认识不到自己处在阴影小孩的旧模式当中，因为我们过于信任自己，总是从内部去看外部的世界，而不是从外面去观察自己。

在这里，我还可以给大家举一个现实生活中的例子。24 岁的雷欧告诉我，他跟女朋友和好了。这一次，他想要"把所有的事都做对"。我问他，有没有把以前她出现的问题摊开来讲，他说没有。他觉得，她不想这么做，她只想享受跟他在一起的时光，不想再谈论以前的问题了。雷欧没有意识到，他完全认同了自己阴影小孩的做法。他的信念是："我不够优秀"和"我不可以做我自己"，针对这个信念而产生的重要保护策略是适应。也就是说：他会尝试着满足女友提出的所有愿望。当他觉得，她不想再提以前那些问题的时候，他自然也会顺从适应。他从孩子的角度对待女友，并尝试着成为一个"乖巧的孩子"，并想"把所有的事情都做对"。为了完成这件事，他的"天线"就会不停地接收信号，猜想女友期待的事情。虽然雷欧声称自己再也不怕被拒绝，但在我看来，实际上他正是因为害怕被拒绝，才会去猜想女朋友的想法，以至于根本意识不到，自己已经认同了内心的阴影小孩。

其实，我们可以从阴影小孩中跳出来，换种方式感知世界和自己。

请有意识地思考，你的阴影小孩在很多情形下会决定你的感知、思考和情绪，也许有时候表现的方式并不高明。

请允许我再次总结一下：如果你想要解决你的问题，或者你想要更好地发展自我，你必须自己承担责任并且主动研究自己，获得觉察，这一点非常重要，因为这样你才会发现自己认同了内心的阴影小孩。只有你自己意识到这一点，才能带来改变。

事实和解读的区别

如果发现自己陷入阴影小孩的模式，觉得很糟糕，你可以后退一步，拉开距离去分析一下这个情形，并且问自己：你是如何解读这个情形的。让自己的模式转换为成人自我模式，并且有意识地发现阴影小孩看待世界的那副眼镜，这对我们很有意义。

通常来说，我们会根据"解读"，而不是"客观的事实"采取行动。我们总是通过美化事物，逃避残酷的事情，来保护自己。虽然内心成人和阳光小孩也会做出错误的判断，但是，阴影小孩的感知扭曲才是我们绝大多数问题的根源，我将就这一点做进一步说明。

很多人没有注意到，无意识情况下做出的解读会深刻影响我们的主观感知。例如，A 在想："为什么那个人会奇怪地看着我笑？"正常情况下她不会去想，那个人是不是在嘲笑我，或者这个人的笑是不是对我有意思，但感知扭曲的人却会这样想，因为他们常把心中的臆想投射在别人身上。心理治疗的重点之一，是帮助病人分析他们对现实的主观解读。那些认同阴影小孩的人，即那些自我价值感脆弱的人，更容易觉得别人是坏人。就算他们听到别人在夸奖自己，也会往坏处去解读，要么觉得别人想要利用自己，要么觉得别人是在"嘲笑"自己。唯独不会相信，别人在正面评价他们。即使接受了别人的正面评价，他们也非常害怕被人识破，也就是说：他们害怕别人有一天会发现他们真实的样子。只有一种情况不会发生：他们不会去分析自己的负面信念，并且发现，他们可能是自己搞错了。

与对现实的阴暗解读不同，还有一些人对现实有着过分"天真"的解读，他们认为这个世界和自己的人际关系都是透明的，使用的保护策略通常是追求和谐，信念通常是："我想做个孩子。"他们认为世界是美好的，不应该有矛盾和冲突。他们不仅想要避免冲突，甚至都没有意识到冲突的存在。如果你属于天真易轻信这一类人的话，那么请对应地去思考，在一些严肃问题中，你会如何思考对方的行为。尝试着让自己变得具有批判性。尝试着借助内心的成人理性看待问题。特别注意以下情况：当你开始对他人感到抱歉，或者当别人已经严重影响你的时候，你却还在为他辩解。

练习：核对现实

接下来的练习会帮助你了解和改变自己对于现实的解读。以下是一个范例，你可以根据自己的情况进行操作。

具体的情况是（触发器）：我的老板让我注意自己的错误。

我的阴影小孩认为（信念）：我不够优秀！我必须变得完美！我不可以犯错误！

我的解读：我的老板认为，我的能力完成不了这份工作，他想辞掉我。

我的感觉：我觉得羞愧，我感到害怕。

我的保护策略：追求完美和控制欲——我要更加努力地控制所有的事情，并且主动加班。

我的阳光小孩认为（积极信念）：我可以犯错！我已经做得很好了！

我对于这个情形的解读：我尽管会犯错，但我的老板对我的工作还是比较满意的。

成人自我说（论点）：你的业务能力很强，还能定期进行自我反省和提升。你的老板和同事也会经常犯错。你的阴影小孩对于批评的反应太过敏感。

我的感觉：我应该保持冷静。

我的价值策略：我从错误中学习知识，我用理解和宽容的态度面对不完美的自己和他人。不管老板是否辞掉我，我都能从这次错误中吸取教训，这将有益于将来的工作。

退后一步，才能观察自己

对于现实的解读决定我们的感受和行动。但是，发现自己，修正扭曲感知，完成从阴影小孩模式到阳光小孩模式的转变并不容易。

保护策略是一种固定的模式，会让人不断重复同一种套路，做同一件事情，被同一块石头绊倒多次。人们会频繁地使用保护策略，经常陷入阴影小孩的消极情绪状态，让事情变得越来越糟：当我们想要撤退时，却发现已经身陷囹圄；当我们情绪化地使用保护策略时，却发现自己已经变得不可理喻，更具攻击性；当我们追求完美时，却发现自己就像被绑架一样，身不由己，没有办法停下来。

在这样的死循环中，我们十分认同内心的阴影小孩，没办法从中跳脱出来，甚至都意识不到自己又回到了旧的模式。如果没办法及时发现自己回到了原来的模式，就无法修正自己的感知。

　　我们之所以无法摆脱一种负面情绪，是因为与这种情绪靠得太近，没有保持距离。这时，我们可以采取一种方法，叫"转移注意力"，以此来拉大与它的距离。转移注意力，就是将注意力从内部的情绪转移至外部的其他事情上。如果我们完全集中于外面的事情或者活动，就不会注意到自己的负面情绪，也就是说做到了忘我。在这种情况下，不管是身体还是精神痛苦，我们都不会感知到。转移注意力是治疗慢性疼痛的重要手段。如果一个人在跳舞的时候充满热情，就不会想起疼痛的双脚。当我们全神贯注地做一件事情的时候，就会达到忘我的境界。通过转移注意力，我们跟自己的问题保持一定的距离，负面情绪慢慢消退，自动就能够获得好的心情。

　　你肯定经历过下面的情形：当自己被误解、受到不公正对待时，你对某个人非常生气。你一直不停地深究这个问题："凭什么呀！"然后变得越来越愤怒。后来，由于你必须集中注意力去完成一项工作，没有时间再去想这件事情。这种注意力转移把你的愤怒带到了次要位置，你开始变得平静。当你有时间回头再看那件令你愤怒的事情时，你会变得更加客观和冷静。这是因为你用转移注意力与愤怒的情绪保持了距离，创造了内心的距离，这种距离感能够帮助你换一种角度解读当时发生的事情。这时，你或许会意识到在这件事中自己也有责任，或许会觉得自己在小题大做，或许你能找到方法解决问题，或许你觉得这件事并没有那么重要，或许你会想："过去的事情就让它过去吧，没有追究的必要了。"

当然，你也可能会问："当自己被负面情绪缠绕时，我究竟应该转移注意力，还是观察自己？"从表面上看，转移注意力是在逃避负面情绪，而观察自己则是直接面对负面情绪，这两者似乎有些矛盾。但实际上，它们却有着一个共同的特征：与问题保持距离，避免陷入负面情绪而不能自拔。虽然观察自己必须正面面对负面情绪，却与陷入负面情绪有着根本的不同。陷入负面情绪，意味着你与负面情绪之间亲密无间，没有距离，你完全被负面情绪拖着走，被情绪淹没了。而观察自己，则是把自己作为一个观察的对象，包括观察你的负面情绪。这样的角度转换，能够使你与负面情绪之间保持距离，不仅可以避免被负面情绪拖着走，还可以掌控负面情绪。同样，转移注意力也并不是逃避问题，而是为了帮助你与负面情绪保持距离，避免深陷负面情绪，这有利于客观冷静地处理情绪。所以，当你面临负面情绪时，观察自己非常重要，转移注意力也不可或缺。

我的建议：你可以将转移注意力和观察自己结合起来。转移注意力相当于退后一步，与观察自己结合，就变成了"退后一步观察自己"。实际上，人只有退后一步，与自己保持一定的距离，才能作为一个观察者来观察自己的问题和情绪。具体来说，你可以退后一步，不去感受你内心发生的事情，把自己的注意力集中在外面的世界，去感受你身边发生的事情，把目光放在你现在所做的事情上，站在一个理想的距离位置观察自己。

如果你的问题非常尖锐，负面情绪十分强烈，并且总是占据你的注意力，你每时每刻都被那个问题所缠绕，以至于无法转移注意力，那么我的建议是，你可以每天花半小时书面记录下你的问题和负面情绪，以及你的理解和看法。这样一来，你的内心成人就会知道，如果这个问题再出现在你的脑海中，你已经有了书面的了解，不用去管它，而一天的其他时间，就可以用在其他事情上。

为了帮助你不要总是回到负面情绪上，你还可以在自己的手腕上绑一根橡皮筋。每当你又回到阴影小孩的模式时，你可以用橡皮筋弹一下自己，把自己拉回你当下所做的事情上。

诚实面对自己

自我接纳不是自我吹捧。自我接纳的意思是，我接受我所有的优点和缺点，诚实地面对自己。接受自己的范围跟自我认识的程度紧密相关。毕竟我们只能接受自己在意识状态下能感知到的东西。对于自我吹捧的人来说，他们只感知到了自己好的部分，而对不好的部分则采取了选择性忽视，试图将它们排挤出自己的感知，这就导致他们对自我的认识出现扭曲。

有一种感知扭曲的人，只对那些不重要的缺点有所认识，却把那些真正重要或者需要进一步观察的缺点放在了意识的边缘地带。他们这种无意识的行为并不是我前面所说的转移注意力，而是一种彻头彻尾的逃避。

一天，一位非常漂亮的女士来到我的治疗室，号啕大哭了一个多小时。究竟发生了什么事情让她如此伤心？这位漂亮的女士哭诉说，她觉得自己长得非常难看。我很惊讶，如此美丽的女士为什么会认为自己长得难看呢？费了很大的功夫，我才弄清楚她的内心发生了感知扭曲。这位女士有严重的歇斯底里毛病，源自于她人格的缺陷，她不愿意接受这一缺陷，极力想将它排挤出自己的感知，于是便出现了感知扭曲：觉得自己外表很丑。虽然对女性来说，感觉外表很丑令人难以接受，但与人格缺陷这样更严重的缺点相比，外表的缺点则容易接受，所以，她宁愿让感知发生扭曲，认为自己外表难看，也不愿意接受自身内在人格的缺陷。

正如这位漂亮女士搞错了自己的缺点一样，我们所有人或多或少都会犯这样的错误。那些我们不愿意承认的缺点像尖锐的刀，刺痛着我们的心，没有人愿意去接受，总想逃避，也总想寻找一个可以接受的替代品。实际上，只有老老实实承认那些缺陷，我们才能获得进步。

每个人都是不完美的，都有这样或者那样的缺点和缺陷，但是，很多人却不敢承认，极力通过隐藏、忽视、逃避、挤压和扭曲的方式，让自己不去感知它们。这样的做法并不会让他们感到轻松，反而会感到紧张、焦虑和恐惧。诚实地认识并接受它们，是一种精神上的解放，会帮助你减少恐惧。

例如，当我认识到，凭我的能力没有办法实现自己的梦想时，我就没有必要再感到紧张和恐惧。我会感到放松，会去承认：是的，就是这样。然后在轻松和释然之后，我就能更加现实地规划人生。

在潜意识层面中，我们会莫名地害怕真相。但逃避真相、逃避对真相的认识，不仅会加剧内心的恐惧，自身也得不到发展。如果我们停下来，告诉自己：是的，就是这样！那么恐惧就会消失。这样，我们的内心才有空间去承载新的东西。也许我会给自己的梦想寻找新的方向，做一些对自己来说更重要的事情。也许我会接受这样的现实：虽然自己的天赋没办法让自己展翅高飞，却可以保证自己平淡幸福地生活。也许我会明白，我可以通过努力来弥补自己天赋上的缺陷。不管怎么样，我可以通过现实的自我评价来调整自己的目标和行动，让自己感到满意，而不是害怕认识自己，让自己迷失在错误的人生道路上。

当我们处理自己的缺点时，可能会产生一种非常糟糕的认识，那就是负罪感。负罪感是一种很难承受的感觉，我们总是选择逃避。但是，如果人们诚实地承认自己所犯的错误，就能获得一种解放的情绪。简单来说："是的，这的确不好！""是的，当时的确是我的过错！""是的，我以后不会再这样了！"承认自己的过错，是对过去的了解，如此才可以轻松走向未来。很多孩子成年后听到父母说："很抱歉。我们当时对待你的方式不成熟，现在我们会换种方式对待你。"说完这些话的父母会感到非常轻松，听见这些话的孩子也能更好地理解父母，冰释前嫌。很多时候，阴影小孩的创伤没有愈合，是因为父母没有为他们的错误买单，而是强词夺理，或者干脆否认。或许你自己也很希望，你的父母能为曾经做错的事情向你道歉。

如果你的孩子已经成年，你经过反思承认自己曾经犯下的错误，那么请向自己的孩子道歉。这个道歉可以成为你们关系的新起点。如果你的孩子尚未成年，那么请仔细分析，你的阴影小孩是如何影响你的教育方式的，并且尝试着尽可能以一种反省的态度来进行后续的教育。

你在反省的过程中发现自己以前对朋友或者同事做了一些不公平的事情，尽管这些事已经过去了很多年，你也需要道歉。道歉是为错误买单，如果你不买单，错误永远都在那里，自己的心灵也不会获得提升。

练习：肯定地接受现实

这个练习来源于佛教冥想的肯定和接受，能够给人一种向上的驱动力。正如前面所探讨过的那样，逃避残酷的现实会导致潜意识产生慢性恐惧。逃避恐惧要比接受恐惧消耗的能量更多。其他的负面情绪也是一样，诸如悲伤、无助、愤怒和羞愧，如果我们去接受这些情绪，它们很快就会消散。

谈论恐惧，离不开阴影小孩。

当我们接受自己的阴影小孩以及内心的恐惧、无力、羞愧、悲伤和无助时，阴影小孩会觉得自己得到了理解，内心也会渐渐平静。当人们在日常生活中对自己说：是的，就是这样。这就足以软化心中的消极情绪，应对生活中的很多情形。例如，你得去看牙医，但有些紧张害怕，只要你能接纳自己紧张和害怕的情绪，它们就会慢慢消失。消极情绪在接纳中软化、消失，在逃避中会变得越来越强大。所以，如果你跟男朋友发生了冲突，或者堵在了路上，或者孩子让你感到烦心，或者错过了火车，每每这时，只要你能够做一次深呼吸，然后告诉内心的自己："是的，就是这样。"慢慢地，你会发现，自己开始变得平静而轻松。

情绪是一种短暂的状态。这一点从幸福感上就可以发现。当我们感到幸福的时候，我们知道，这种幸福感不会永远存在。但当我们产生负面情绪的时候，例如失恋或者感到恐惧的时候，却误认为这些情绪不会那么快消失。其实，只要掌握了方法，负面情绪也能很快消失。

请回忆一下前面"如何摆脱负面情绪"的练习：把注意力集中在你负面情绪的身体表达上。例如，你感到悲伤时，体会一下，你的身体是如何感受悲伤的。也许你会觉得喉咙哽咽？或者胸部感到压迫？仅仅关注这种情绪，不要去想跟这种情绪相关的事件。如果你是因为跟女朋友分手而感到悲伤，那么把她的形象从你脑海中赶走，单单去体会这种身体上的悲伤情绪。保持这种状态，你就会发现，悲伤很快就消散了。同样，你可以用这种方法应对所有的负面情绪。这个练习出自莱斯特·李文森的瑟多纳释放法，这是一种实用的处理情绪的方法。

总防御别人，便无法展现真实的自己

阴影小孩不仅会影响自己的幸福，也会影响我们对别人的看法和态度。在阴影小孩的眼里，其他人很容易变成自己的敌人。因为阴影小孩对自身的价值缺乏了解，总是从防御的角度来看待一切。也就是说，他们总是担心身处劣势，害怕受到攻击。如果一个人总是致力于自我防御，时刻处在紧张、恐惧和不安中，便不会展现真实的自己，获得轻松、自由和快乐。只有卸下防御的外壳，露出真实的自己，我们才能获得内心的轻松和自由。如果觉得自己处于劣势，不仅会严格对待自己，对别人的态度也不会好。

阴影小孩十分狭隘和多疑，对别人常产生两种心态：幸灾乐祸和嫉妒。看见比自己强大的人，他们会嫉妒，而当别人遭遇失败和不幸时，他们又会幸灾乐祸。导致这两种心态的原因是他们始终处于自我防御状态，没有唤醒良知，并形成稳定的价值观。带着这样的心态，他们很难处理好人与人的关系。事实上，只有处在阳光小孩或者内心成人状态的时候，我们与他人的关系才会变得和谐。感知和情绪是相互作用的。我们的情绪变好，也会感受到他人的友好。我们心情不错，遇到的人很友好，我们的情绪也会更好。这是一种积极的模式。比一直处于警戒状态，小心翼翼地对待其他人更轻松。我们越是紧张，越是有压力，也就越容易把自己这些负面情绪传递给其他人，这样便会产生消极的模式。

处在阳光小孩的模式中，我们更容易对他人友好。

处在阴影小孩的模式中，我们会变得狭隘而充满攻击性，自然很难对其他人大方。

自己不自信，就不会信任别人，也不会对别人友好。所以，为了让自己变得友好，首先必须照顾好自己。我们可以通过理解和安慰阴影小孩来训练友好态度，开启阳光小孩模式。

友好是一种自己可以决定的内在态度。许多认同自己阴影小孩的人认为，不可以信任他人。多疑和缺乏信任是阴影小孩的保护策略，正是因为强烈认同阴影小孩，所以这些人才坚信自己感知和思考的东西：这个世界和这个世界上的人是自私而邪恶的，人性本恶。

人类是一种合作性的群体，人际关系很紧张，不会给人带来幸福，给予和友好的态度却会让我们感受到真正的幸福。

如果你意识到自己曾经对朋友、同事、亲戚或者伴侣进行过狭隘和不公平的评论，你可以退后一步，尝试着用友好的态度去分析当时的情形。同样，在你决定消极对待一个人之

前，你要想清楚，一次跟朋友之间的不愉快会让对方忽视之前
100 次愉快的回忆。运用你的成人自我思考一下，这真的有必
要吗？并且回想一下，曾经和这个人一起留下的美好回忆。再
彻底思考一下，你的这种行为是否有根有据。尽管两个人有很
多年的友谊，但人们还是很容易从坏处去想对方。可能是对方
忘记了你的生日，可能是一句无心的批评，或者是一种"错误
的"反应，等等，都会让你感到失望，甚至怀疑友谊。所以，
友好的态度指的是，人们能像对待自己一样对待别人。

- 允许别人犯错，只要他的正面意图大于负面意图。
- 允许最好的朋友忘记自己的生日。
- 允许对方有所保留。
- 允许对方没有明确说出自己行为的结果。
- 允许对方有时兴致不高。
- 允许对方有时不经思考。
- 允许对方心情不好。
- 允许对方有时处于阴影小孩状态。

请思考：难以相处的人有着受伤的阴影小孩。

没有一种人际关系是完美的。我们每个人都会犯错。因
此，尽可能宽容对待自己和其他人的不足。攻击性和狭隘只会
伤害你自己，让你情绪低落，损坏你和他人的人际关系。顺便
说一下：幽默会让我们的人际关系变得轻松和友好。

不赞美别人，是一种脆弱的自我保护策略

友好也意味着赞美并夸奖自己身边的人。如果你与内心阴影小孩所持的观点一致，那么，当别人做出成绩的时候，你可能会产生嫉妒情绪，很难去赞美别人。

有些人从小就不习惯夸赞，不管是夸别人还是被别人夸，都觉得尴尬。从小到大，他们听到最多的话是"没有挨批就已经是最大的夸奖"。

还有些人比较自负，不管是对自己还是对别人的要求都很高，他们也很少夸奖别人。

不管是出于何种原因，我都推荐大家大方地练习夸赞别人的能力。如果你觉得有道理，尝试着对自己和自己身边的人大方一些。拍拍自己的肩膀表扬自己，"你做得真棒"，真诚地夸奖自己所获得的成绩和名声，鼓励自己的善行。用自我赞赏开始新的一天，这一天中其余时间也会变得无比芬芳。尽可能地夸奖自己，这会让你的心情变好，也会减少你的嫉妒感。你也可以用感恩的心情尝试一下：感恩地面对你生活中所有的事情。有意识地练习，尽可能地看到你和你生活中好的一面。长吁短叹自己臆想中的缺点和不足只会让你不知感恩。自我赞美

和感恩会让你感到被认可，也会让你愿意付出。

去赞美你的伴侣、你的孩子、你的同事和你的上级、你的朋友和路上的行人。美国人更容易给予陌生人赞美："我喜欢你的裙子！"这句话很可能就是出自超市里的营业员。我喜欢这种友好坦诚的方式。尽管在过去的一段时间里有所改变，但德国人还是相对来说比较内向和拘束。不要认为喜欢赞美别人的美国人太肤浅，不喜欢赞美别人的德国人，也不见得有多少内涵。

我们每个人都在追求被认可。与其被动等待接受别人的认可，还不如主动给予别人认可。顺便说一句，"给予"指的不仅是慷慨地给予财物，也可以是大方地给予他人认可。吝啬是一种非常糟糕的个性，可惜很多人都在忍受这种性格。如果你发现自己很难做到慷慨，那么试着研究一下自己的信念，分析一下，这种吝啬是不是你自己的一种保护策略。相信我，吝啬既不会让你感到快乐，也不会提高你生活的安全感。相反，你给予得越多，你得到的就越多。你会发现，当你慷慨地对待别人时，你的脾气和你的人际关系会变得越来越好。

真实的你不完美，完美的你不真实

在原生家庭中，一些父母过分要求，孩子不听话就会受到惩罚，为了保护自己，孩子会迎合父母，变得乖巧。乖巧是他们的保护策略，也是他们脆弱内心的外壳。

同样，一些人执意追求完美，极力想把所有事情都做好，给所有人都留下好印象，也是因为在原生家庭中想要保护自己，不给父母留下指责的余地，不让他们嫌弃。追求完美是他们的保护策略。不过，这些本来应该保护他们的策略，或者外壳，最后却让他们不堪重负，并深深地受到伤害。

为了让内心成人变得强大，你可以问自己一些问题：你为什么想要追求完美？你做事的动机是单纯为了把事情做好，还是不想留给别人反击的余地？抑或想要别人崇拜你？

请退后一步，从旁观者的角度看自己的行为。你完美的工作，完美的外形，除了自己以外，对谁才是重要的？你单纯为自己做事情的动机占比是多少？如果你不再追求完美，"良好"对你来说就已经足够，那么你会用剩余的精力和时间做什么呢？你怕无聊吗？你回避令人心痛的记忆吗？或者你会不会通过工作来逃避内心的问题？很多人都愿意保持忙碌的状态，以此来逃避内心的问题。只要他们感觉到空闲，就会害怕和担心。

了解自己，是让自己变得强大的唯一途径。思考自己逃避的问题，能让你的成人自我变得强大起来。问一问自己，你的保护策略是帮助你避免了问题，还是让问题像滚雪球一样越滚越大？

追求完美的人常常压力很大，不仅自身难以承受，还会使他们的人际关系出现问题。请思考一下，你给自己提出了过高的要求，同样也会对身边的人这样要求，于是你与身边人的关系会变得紧张不安，压力重重。请注意，你的野心会让你缺乏生活的乐趣，当你精疲力竭时，你的状态比那些冷静从容面对生活的人更加危险。

然后，再问一问自己，如果你在追求完美的道路上花的时间变少，谁会从中获益？你的家庭、你的朋友，还是你自己？你的生活会不会因此获得更多的愉悦和乐趣？

尝试从意义（价值）的角度思考追求完美，和内心的阴影小孩面对面，友爱并且耐心地告诉他，犯错是再正常不过的事情。想一些恐惧的情形：如果减少工作，你会失去工作吗？如果答案是，那么请思考，这种压力值得吗？还是说这正是一个更换工作的契机？

想一想，如果你是那个完美的男友或者情人，你的人际关系会变好吗？什么叫做到完美？想一想你的价值标准。如果你尽可能诚实和坦诚，这是不是比最美、最好、最棒更加完美呢？我认为，如果人们知道跟你的相处之道并且能够信任你，这就很美好。如果你在行动的时候不那么看重眼前的得失，而是去做正确的事情，这也是一件美好的事情。如果你不再努力追求完美，而是做你自己，你会感到无比美妙。你可以尽情地体会，当你处于阳光小孩模式中完全放松自己后的那种状态。

请让你内心的成人知道两件事：

1. 从阴影小孩的眼里看世界，世界是一个投影，而投影是一个扭曲的世界。

2. 这个世界上比完美有意义的事情还有很多。比如说：正直地做事，以及享受生活。

追求完美，便很难去享受生活

用追求完美来保护自己，就不敢去享受生活。

之所以追求完美，是因为阴影小孩觉得自己"不够优秀"，经常受到父母的挑剔、指责和惩罚。为了避免惩罚，人们会把追求完美当成保护自己的外壳。随着时间的流逝，这个外壳不仅不会自动消失，反而会越嵌越深，以至于变成人们的行为特征和性格。

这些人对自己太过苛刻，在工作中总是弄得精疲力竭，认为只有把所有的事情都完成了，才有资格享受生活。但是要解决的事情非常多，他们几乎没有任何快乐的空间，内心时刻处在匆忙、紧张和焦虑之中。

"糟糕的生活有什么意义？"

想一想生活中的愉悦和乐趣，可以把你的阳光小孩带出来。你的责任是尽可能让自己过得好，学会享受生活。这就意味着你要学会合理地分配时间，因为享受生活也需要时间。那些一直饱受"提前症"困扰的人会不停地提前完成任务，就像那些控制狂一样不会享受生活。

美味的饭菜和醉人的美酒会让人感到幸福。让人感到幸福的还有很多，诸如旅行、运动、音乐和高品质的性生活。

有些人不知道该如何享受生活，在这方面缺少经验。他们对自己的要求过高，经常处于压力大、心情差的状态下。实际上，阳光小孩有很多让你感到快乐的主意。你只需要洗耳恭听，让他自由发展，随时就能感到快乐。

如果你总是要把自己弄得精疲力竭，那么告诉你的阴影小孩：亲爱的宝贝，没必要追求完美，就算给自己放个假，也不会残缺。你需要休息，需要放松，需要好好享受生活，这样才能再次充满能量。

愉悦和乐趣跟美丽密切相关。注意观察一下你的周边环境，问问自己，你的房间和你的办公桌上是不是有让你的眼睛感到放松的东西。给自己购置一些美丽的装饰品，这会让你感到快乐。如果你准备用这本书重建内心，也可以重新布置一下你的周边环境。有时候让你感到快乐的都是一些小东西，例如书桌上一束漂亮的花。另外香味也会让你感到快乐，比如像我，就喜欢在房间里放一瓶玫瑰精油，需要振奋情绪时，就喷几下。试着做一些让自己快乐的事情，多关照自己一些。

乐趣是意识的产物。想要享受生活，必须用五官感受。如果不集中注意力，就不会享受。比如，当囫囵吞枣般地吃东西，你不会知道自己吃的是什么。在很多年前，就风靡一种"快乐疗法"。在快乐疗法中，感官的作用被放大。学员需要准确地描述出他们感知到的东西，例如，巧克力的味道或者玫瑰的芬芳。通过这种方式，学员们学习有意识地享受。你可以轻松地将快乐疗法嵌入你的日常生活中。你只需要做两件事情：

1. 给自己多制造一些快乐，经常做一些对自己有益的事情。
2. 集中注意力，用自己的五官感受当下所做的事情。

另外一种有效措施是散步。在散步的过程中，你需要集中注意力感知身边的美景。做到这一点并不简单，但是，当你完全把注意力从自己身上转移到外面的景色后，你的精神能够获得彻底放松。我经常有意识地用这种方式来训练自己，芬芳的花朵和美丽的自然风景会让我感到非常快乐。

做一个真实的孩子，而不是听话的孩子

那些把追求和谐作为保护策略的人，总想把所有事情都做正确。他们在原生家庭中学习如何听话，如何获得父母的认可，或者至少不要受到责备。他们不太会把自己跟周围人的愿望和需求分开，觉得自己应当对别人的快乐负责。当身边人心

情不好时，他们会自责：是不是自己不听话，又做错了什么事，或是自己能做些什么事，让对方开心？

由于总把注意力放在别人那些亦真亦幻的需求上，所以常忽视自己的需求。每个人都想获得公正的对待，如果人们很少表达自己的愿望，或者总是小声表达出自己的诉求，长此以往，并不是一件好事，这会促使他们觉得自己吃了亏。虽然他们常为此生闷气，但这种闷气早晚会向对方爆发。他们会按照这样的逻辑去思考：自己一直努力猜测别人的诉求，当然也期望别人能猜测准自己的诉求，如果别人没有这么做，或者没有做到，自己很快会感受到被忽视的屈辱。

和谐追求者很少为自己负责，他们总是在考虑对方的幸福，不想任何人受伤，但最终不仅让自己受伤，也让别人受伤。如果他们能够坦诚地对待自己，就会发现自己的行为，恰恰是内心的阴影小孩害怕被别人拒绝，所采取的一种保护策略。在阴影小孩看来，如果诚实地满足自己的需求，就会得罪别人，他们不愿意得罪别人，所以尽量忽视自己的需求，迎合别人的需求，实际上，别人的很多需求也是他们臆想出来的。

如果发现上面的描述刚好契合你的情况，你需要做的第一步是，借助你的内心成人让自己意识到，你已经被原生家庭的影响所控制。为了讨得父母的喜欢，你竭尽全力去迎合他们，但是事实可能是他们太过冷漠或者要求太过严苛，抑或父母的本性十分善良，也是那种追求和谐、害怕冲突的人，你从小受到他们的影响，所以，除了听话外，不知道如何合理表达自己的想法。

在原生家庭中，你需要依赖父母，但是你的童年已经过去，现在你要为自己的幸福负责。你必须学会多为自己着想。你要努力提高自己的幸福指数，把自己所想和所不想的诉求大声说出来。这并不意味着你是一个自私的人。相反，如果你能坦诚对待自己和自己的愿望，其他人知道了你的底线在哪里，你们之间的相处就会变得公平，这比你一个人在那里生闷气要好得多。你生闷气是因为别人没有猜出你的愿望。要知道，你不愿说却让别人绞尽脑汁地猜你的所想，这对别人来说也是一种过分的要求，长此以往，别人会觉得和你相处很累，不知道该如何跟你相处。如果你坦诚而真实地对待自己，实话实说，他们也很放松。因为如果每个人都能为自己负责，人们在做一件事情的时候就不会一直去考虑你的感受。

另外，表达出自己的观点也同样重要。每个人都有自己不同的喜好，如果你想让每个人都称心如意，其实每个人都不会满意，最后得罪了每个人。你没必要去迎合每一个人，重要的是你要挺直腰杆，当你遇到与你的利益和价值观相悖的事情，你要能够予以反击。要明白，在遇到问题的时候，勇气、真诚和公正要比害怕不受欢迎重要得多。当你表达出自己的观点时，可能有些人觉得你没那么讨人喜欢，但是如果你不表达出自己的观点，也不见得就能讨得他们的欢心。正如我刚刚所说的那样，他们不知道跟你相处的底线在哪里，也许还会觉得你没个性，有些无聊。如果能够放松一些，明白反正也没办法让所有人喜欢，何不做一个敢爱敢恨的人。总之，你要能建立起自己的标准和价值观，让自己意识到，真正重要的不是受到欢迎，而是根据自己的价值观，正确地采取行动。

如果人们能够开口表达出自己的观点，所带来的好处要比想象的多得多，既可以让你做真实的自己，也可以让别人觉得你不是一个软弱可欺的人，还可以让朋友清楚你的底线，知道该如何与你相处。例如，你跟你的好朋友说，他的某一个行为伤害到了你，那么此时你不是在损害友谊，而是在挽救友谊，是通过简单的对话化解冲突，而不是让冲突憋在心中愈演愈烈，或者采取疏远对方的策略。你敢于说出自己的观点，实际上是在改善彼此的关系上承担起了责任，这才是真正重要的。至于对方怎么做，跟你没有直接关系。

也许，真正的问题是，你根本不知道自己所想所要的究竟是什么。在原生家庭中，你可能从小就只会注意他人的想法，以至于忽略了自己的感受。如果是这样，那么，请倾听一下自己内心的声音，问问自己："我的感受是什么？""我的想法是什么？"你可以通过跟想象中的人进行讨论，交换意见，练习自己表达观点的能力。当然你也可以在真实世界中进行练习。当你为了讨别人欢心而再次条件反射性地克制自己的想法和需求时，你的感受是什么？然后转换至阳光小孩模式，表达出内心的想法和需求。你会惊奇地发现，当你变得真挚而坦诚的时候，生活也会相应地变得轻松，人际关系也会随之变得简单。因为只有你自己变得真实，勇于承担责任，才能够产生真正的和谐和亲近。

学会处理冲突，建立自己的人际关系

那些保护阴影小孩的人，在迎合别人、追求和谐的过程中，缺乏主见，就像一片落叶追逐着每一阵风，很容易受到别人的影响，也难以克服人生道路上的困难完成目标。完成自己的目标需要明确的方向，需要定力，但他们却缺少这种能力，终其一生都把注意力放在了别人身上而不是自己身上。他们害怕冲突，总是被动接受人际关系，而不是主动建立起自己的人际关系。他们有反应，没行动，常乖乖地适应别人的想法，从不敢大声说出自己的想法和需求。他们迎合他人的代价，就是窒息自己。他们很少反驳他人，遇到冲突时，只会选择撤退、逃离，或者中断与对方的联系。

这些人很少表达内心的想法的另一个原因是，他们根本不清楚自己内心的想法，或者对自己的想法和愿望不确定，抑或不知道自己的想法是否正确。

他们不敢去争辩，无非两个原因，第一个原因是，他们不是根据自己的价值观处理事情，而是按照"谁会输、谁会赢、谁有优势、谁处于劣势"的标准权衡问题，认为这样的策略才能保护阴影小孩不受伤害，他们的行为缺乏是非观，犹如一棵墙头草。第二个原因是，觉得对方始终处于优势地位，认为对方更有能力，说得也更有道理，自己只有跟随的份儿。

如果你害怕冲突，那么就试着从内心成人的角度来看待问题。你要知道，现在我们讨论的事情不是谁输谁赢的事情，如果对方的论点更好，你并不会陷入劣势的地位。你只要告诉对方："你说得有道理！"然后就可以了。你要明白：我们在就事论事，这跟你的表现并没有多大关系。首先要让你的内心成人明白，当你表达出自己的所想所要时，在大多数情况下，并不会引起冲突；当你拒绝一个人时，也并不会得罪他。现在我想要告诉你解决冲突的一些方法。

练习：训练解决冲突的能力

在做这个练习的时候，你需要回忆一个冲突场景：要么跟一个人大吵过一架，要么至今还不敢跟这个人说出你的想法。

1. 请有意识地进入你的阳光小孩模式，唤起新的信念、优点和价值观。有意识体会它们给你带来的积极情绪。尽可能尝试着进入好的情绪状态。如果你没办法做到这样，那么请转换至成人自我状态，尝试着不带任何情绪地看待这个场景。

2. 要明白，你的冲突对象也有自己的阴影小孩，你们的相处实际上是平等的。尝试着友好地对待对方。

3. 诚实地检查一下你跟这个冲突对象的关系：你觉得自己处于劣势，还是优势？有时候你会嫉妒他，还是根本不把他放在眼里？检查一下是不是因为自己的原因，才导致对他的感知产生扭曲。尝试去发现自己在这个场景中发挥的作用。从这一点来说，如果你重新做一遍前面的"核对现实"和"从三个立场看问题"这两个练习，会对你帮助很大。

4. 保持阳光小孩或者内心成人的状态，然后思考，最好书面记录下你的立场和观点。同时思考一下，你的冲突对象会有哪些观点。在这里，你可以寻求其他人帮助。他们站在另一个角度会有哪些观点呢？如果你搜集好所有的观点，请检查一下你的冲突对象是不是也有一定的道理。如果是，那么请告诉他，这样你们的冲突也就解决了。如果不是，那我们继续看到第 5 步。

5. 主动创建一个场景，在这个场景中，你会告诉冲突对象一件对你来说很重要的事情。不要等这件事自然而然地发生。友好地表达你的问题，并且说出你的观点。

6. 仔细倾听对方关于这个主题说了什么，认真思考他的观点。你要明白：现在真正重要的事情不再是输与赢。如果对方的观点更好，让你恍然大悟，那么请告诉他们，他们说得有道理。这样一来，你既可以保持自己独立的姿态，问题也能够得以解决。相反，如果他们没有更好的观点，你可以坚持自己的观点，或者换一种更好的表达：你们达成了一致。

当然，没必要严格按照这个顺序来做上面的练习，我只是提供了一个模板，帮助你表达自己的观点，解决冲突。下面还会举一个具体的例子说明，人们是如何在日常生活中将这几个步骤付诸实施的。

请注意，要保持良好的心情来表达所有的事情，包括棘手的问题。如果你说话的态度是友善的，想表达的信息也会是完整的。如果你完全带着友好和尊重的态度对待对方，无论你说的事情是好还是坏，他都可以接受。请注意：如果对方说得有道理，请给予赞同。这会让你立场独立并且讨人喜欢。相反，如果你顽固坚持自己错误的观点，则会显得既不独立也不讨人喜欢。观点、友好的态度和判断能力是理解的基础。

下面我给大家讲述一个冲突顺利解决的例子：劳拉和乔戈是同事，劳拉觉得乔戈总是在开会的时候打断她说话，由于性格比较内敛，又害怕冲突，所以她并不会去反驳。最近，乔戈又一次打断劳拉说话，她觉得自己必须采取一些行动了，因为她非常生气。

1. 为了让自己先平静下来，劳拉试着转移注意力，把精力集中在她现在要做的工作上。通过这一步骤，她便有足够的时间把阴影小孩转换为内心成人模式（理论上来说，她也可以转换成阳光小孩模式，但是她当时非常生气）。

2. 等到平静下来后，劳拉开始分析自己在这个场景中所发挥的个人作用：她承认由于自己没有反抗，没有承担起对自己的责任，所以她没有及时反驳乔戈。当乔戈打断她的话，她阴影小孩的信念是"我不够聪明""我不够优秀""我必须乖巧友爱"，这又让她止步不前。实际上这个时候劳拉是认同了她阴影小孩的观点。劳拉认为她的信念让她在与乔戈的相处当中处于劣势，乔戈不把她当回事也并不尊重她。

3. 现在，劳拉已经完全平静下来，可以有意识地进入她的阳光小孩状态。在阳光小孩模式中，她尝试着友好地分析乔戈的行为，她发现，不仅仅是她，其他同事也有同样的困扰。不过，劳拉也发现，乔戈除了这点之外，还算是个友善的同事。于是劳拉得出结论，乔戈并不是因为不尊重她才这样对待她，而是因为他的性格比较冲动。劳拉没有把他的行为归咎于她臆想出来的劣势地位，而是由乔戈的性格所致（这是重新对现实的积极解读）。

4. 通过这种判断，她现在跟乔戈的地位是平等的。现在劳拉思考的是，她应不应该跟乔戈说出自己的想法？毕竟他的本意不坏。如果这样做，自己会不会显得太过小家子气？为了解决这个问题，劳拉试着从不同的立场看问题。

5. 她开始思考正方和反方观点。

正方观点：跟乔戈讨论一下也挺好的，因为这样我才能知道他是怎么看待这件事情的。这对于乔戈来说也比较公平。因为也许这样他就会知道他的这种行为不仅得罪了我，也得罪了其他很多人。我越早解决这件事情，就能越早平静下来。

反方观点：乔戈可能会因为我的批评而生气，可能他自己并没有认识到他的行为有问题。

正方观点：我可以用具体的事例来证明我的判断。如果乔戈否认这一点，那么他就不会正确处理这件事。但这至少可以证明不是我的问题，所以，这也值得一试。

6. 劳拉决定跟乔戈谈一谈，所以第二天问他，愿不愿意和她一起吃个午饭，乔戈爽快地答应了。在吃饭的时候，劳拉随意地告诉乔戈，在他打断她说话的时候，她是什么感觉。乔戈立即明白了劳拉的用意，赶忙为自己的行为道歉，并且保证以后会注意。乔戈说，他知道这是他的一个缺点，有时候太过冲动，但是他的本意不坏，也并不是不尊重她。他保证，以后在这方面会多加注意。另外他们也商定好，如果乔戈又控制不住自己的话，劳拉可以直接抢夺话语权。

由于劳拉分析了整个事情，乔戈也对此发表了自己的观点，劳拉证实了自己的猜想：乔戈性格比较冲动，并不是不尊重她。这一番对话把两个人的关系拉近了。

就这样，一个潜在的冲突因劳拉的思考和反省，以及乔戈坦诚的自我批评得以化解。如果对话中有一个人没有进行自我反省，完全把自己包裹在保护策略当中，那么对话很可能会失败。

有些对话，你必须尽快终止

　　有时候对方缺乏反省意识，尽管你说得很有道理，对话也没办法继续下去。尤其是遇到"灰天使"时，他们会将自己扭曲的感知和投射转移至你身上，你很可能跳进黄河也洗不清了。

　　你需要练习区分哪些是你的想法，哪些是对方强加给你的想法，到底是你在胡说八道，还是对方在胡说八道，这一点非常重要。但问题在于，人们并不能总是正确地判断形势，也并不能时刻保持冷静。如果失去理智，就很容易陷入与"灰天使"毫无意义的争论和纠缠之中，说再多的话，讲再多的道理，也无济于事，只会越描越黑。这时，你应该放弃对话，结束沟通，选择友好地离开。但要做到这一点，必须在自己还没失去理智的时候。只有当你冷静判断了形势，认为争辩已经变得没有意义的时候，你才能做到友好地离开，既不伤害对方，也能保全自己。

　　现在你可能会问，怎么才能判断哪些对话应该结束呢？一个基本标准是，对方对你观点的认同程度是多少。他真的在认真听你讲吗？你觉得自己被理解了吗？有一点非常重要：冲突对象的观点有事实根据吗？例如，冲突对象批评你，他必须要举出你的某个具体行为来印证他的批评。如果他总是责备你太过强势，就必须让他说出具体的例子来解释这种判断。因为有一种可能是，他由于自身的自卑感，才把强势的形象和感受粘连到了你的身上。这个帽子你无论如何也不能戴。如果你的谈话对象没办法用具体的有说服力的实例来论证自己的批评，仅仅凭他缺少实例这一条，就可以判定他没有道理。相反，如果他说得有道理，在正常情况下，你自己也知道。这时候你应该做的是：道歉，然后保证以后会注意。最愚蠢的做法是，否认有道理的批评。如果这样，你则变成了对方的"灰天使"，你的谈话对象会知道，跟你坦诚讨论某些事情已经没有任何意义，因为你缺少接受批评的能力。有句话你要记得：犯错并不可耻，可耻的是否定这个错误。

还会出现这样一种情况，你的谈话对象会举出一些例子，但这些例子并不是来源于事实，而是他自己对于事实的解读。你必须学会区分哪些是事实，哪些是对方对事实的解读，这很重要。在这里，我想再借助于劳拉和乔戈的例子进行解释：事实是，乔戈经常打断劳拉的发言。这是一个具体的，并且第三人也能观察到的行为。劳拉的解读可能是：乔戈不尊重我，看不起我。这的确是劳拉自己的本能判断。如果劳拉没有进行反省，她很可能凭借自己对事实的解读向乔戈发起反击。一种反击是，当面呵斥他，让他赔礼道歉。这种反击虽然强烈，但直截了当，多少给乔戈留下了自我解释的机会。另一种反击是，心生怨恨，远离乔戈，并把这件事情告诉其他同事，最终导致办公室斗争的开始。乔戈本来是臆想出来的"嫌疑犯"，现在却会成为一个受害者。所以，如果对方没办法提出有说服力的观点，尤其是该观点是基于他错误的解读和判断之上，那么，事情就会变得糟糕。

也许，我的观点与大家过去听到的完全不同，以前，人们认为一段人际关系出现问题，双方都有责任。但是，我并不这样认为，有些时候，责任仅仅在一方。例如，一个心理健康的人与一个很自恋的人结合，其婚姻关系将很难维持，而心理健康的人对婚姻破裂却没有丝毫责任。心理学上有一条定理：一个心理完全正常的人跟一个极端自恋的人坐在一条船上，这条船一定会翻。心理健康的人没有办法拯救这段关系，原因在于自恋的人会出现感知扭曲。一些心理学外行不懂这一点，过分高估自己交流和沟通的能力和作用，常常拯救不了对方，还会让自己深陷进去。

切记，如果交流一方被自己阴影小孩强烈的感知扭曲所束缚，再好的言辞也起不到任何作用，只能通过避开这个人，才能保护自己。

如果对方只是出于"感觉"胡编，还坚持自己的这种感知，那么你就可以判定他是没有道理的。可以尝试着让他意识到这一点，但次数不宜太多，不要让自己也陷入狡辩的旋涡，适时寻找机会为对话画上句号。如果你过分固执，谈话对象又缺少反省的能力，那么你很可能会被他带进沟里，失去自己的立场。

如果对方通过追求权力来保护自己的阴影小孩，也就是说，他想一直保持常有理的状态，就不会真正听你说，也不会跟你建立联系。因为他缺少站在别人角度考虑问题的能力。

练习自己的同情能力

同情能力，意味着可以真正体会到他人的感受。如果把注意力完全放在自己身上，很容易忽视对方的需求。

每个人都知道，如果一个人身体或者心理上在承受某些伤痛，整个身体机能首先希望抚平自己的伤痛，这时便无法集中注意力关注别人。只有当自己的需求得以满足，不再需要对自己耗费太多的注意力时，才能真正体会到对方的感受。

不少人陷入了持续的尴尬境地，总希望别人先理解他们的感受，然后再去理解别人的感受。由于他们先要被别人理解，所以会失去站在别人角度思考问题的能力，这样一来，不可避免会陷入一种尴尬的境地，经常感受到不被理解的孤独和痛苦，觉得世上没有一个人懂他（她）。

人类的天性倾向于做对自己有益的事情：我能抓取的幸福越多，才能更加自如地照顾伴侣和身边的人；如果我必须守护自己的生活，就不能去同情别人。你可能也知道，当我们处在害怕或是不安全的状态中时，也就是说在认同自己阴影小孩时，经常会臆想出并不存在的敌人。当我们感觉自己安全的时候，也是同情心涌现的时候。在自我安全的状态中，我们会把自己向对方打开，并且设身处地为他人考虑。

在前面我曾经写到，有些人缺乏同情心的另一个原因是：他们跟自己的感受联系不多。通常来说，这些人是男性，被束缚在自己的理性思维中，智商很高，情商很低。不过，尽管他们无法理解别人，但也不会伤害别人。与他们不同，如果一个人认同自己的阴影小孩，认为自己是臆想强者的牺牲品，那么情况就要糟糕得多。这种感知扭曲会让人变得冷酷无情，因为这个臆想的牺牲者只会同情自己。

这一点在伴侣吵架时表现得尤为明显。例如，琳达和约纳森在我这里接受治疗时，已经在一起生活了快20年。他们因为性生活方面的问题来寻找解决方案。多年来，约纳森都没有兴趣跟琳达一起睡觉，这一点伤害到了琳达。其实在早期，因为约纳森没有兴趣，琳达的性生活就已经出现问题。在约纳森接受心理咨询时我发现，只要讨论到这个话题，他就会立刻陷入自己的阴影小孩模式中，把琳达变成他的敌人。这个时候的约纳森表现得执拗、木讷、不通情理。他对琳达之所以产生敌意，完全是因为自己的感知扭曲，而促使他发生感知扭曲的信念是"我要为你的幸福负责""我有罪""我要满足你的愿望"。也就是说，在性生活这件事情上，约纳森把琳达投射为自己冷酷绝情的母亲，认为琳达占有绝对的优势，他必须在各方面让琳达感到幸福，否则，自己就"有罪"。由于处在这种阴影小孩的模式中，与琳达睡觉，会让约纳森感受到巨大的压力，所以，他只能选择逃避。

在我看来，约纳森的阴影小孩所采取的保护策略是追求和谐、迎合他人，结果导致他的需求经常得不到满足，出于对妻子的怨恨和畏惧，他选择了撤退和拒绝性生活的方式来保护自己。由于他的阴影小孩觉得琳达就像母亲一样占有绝对优势，每次当他发现琳达想要靠近他的时候，他不认为这是她寻求亲近的愿望，反而觉得她显示出了她的侵略性和占有欲，她的举动没有让他感受到爱意，反而让他产生一种不安全感。在这种不安全感中，他无法对琳达萌生亲近和接纳的同情心，也无法感受到琳达受伤和受侮辱的情绪。只有当约纳森换个角度思考问题，从牺牲者的状态中跳出来，才能对琳达展现出同情和理解。这样夫妻之间才会重新产生亲近感，性生活才会有转机。

如果你发现，自己跟另一个人的关系出现了问题，而且深陷其中，那么请有意识地跟自己的感受保持距离，并进入成人自我模式。请进入观察者的角色，例如，你可以想象自己站在一个戏剧舞台上，做一下"从三个立场看问题"的练习。请尝试用内心的距离来理解问题的动态过程。你的问题是什么？通常来说，你的问题都是渴望被认可的需求没有得到满足，所带来的伤害。每个人都觉得自己没有获得他人的足够尊重，受到了不公平对待，所以，现在到处都是受伤的人。

请有意识地体会你自己的受伤程度，并且也要感受一下对方是否同样受到了伤害。把自己放到他的立场当中去体会，他与你的相处又是如何？你的行为给他又造成了哪些担心、害怕和屈辱？尝试着去理解他的阴影小孩。通过这种同情和理解的方式，你可以找到一条解决问题的全新道路。

请思考：你可以改变你能改变的东西，其他东西则是你无力改变的。如果你看到了一个机会，借助于同情的桥梁站到他的角度思考问题。不要等待对方跨出第一步。走向对方是一种大度的表现，并不代表是你的缺陷。

倾听别人，可以拓展自己

伟大的美德之一是能够真正倾听别人。

倾听是同情的桥梁，倾听别人，可以在心与心的交流中拓展自己。

很多人觉得倾听很难，没听别人说几句，就心猿意马，开始想自己的事情，或者琢磨自己的想法。如今倾听的文化正在走下坡路。在我的父母那个年代，一个人去参加聚会，可以毫不费力地倾听12个人的交谈。现在一桌4个人就足够了，因为人数多的话，有些人会窃窃私语，或自己玩手机。

倾听的能力是可以训练出来的，倾听不仅涉及说话的技巧，更包括一种内在的态度。也就是说，你要敞开心扉，对别人说的内容真正感兴趣。要做到这一点，首先需要把自己的事情和思考放到一边。你可以这样来设想，把自己的事情和思考放进保险柜并且锁起来，然后自己保管这把钥匙，可以随时打开它。前面说过，人们的思绪总是围绕着自己的问题，如果在倾听这段时间内，你把自己的问题安全地搁置起来，就可以放松下来，将注意力全部集中在对方身上，从而进入忘我的状态。

大多数人在听到个别关键词时，要么回想起自己的事情，要么插话打断别人。这时，你应该遵循倾听的第一条规则：进入自己的事情和思考，打开保险柜，再把它们放进去，然后重新把全部注意力集中在对方身上。切记不要进入自己的世界不出来了。就像有人向我描述的那样："我刚想说些自己的美国见闻，对方突然就抢夺了我说话的权利，开始滔滔不绝地讲起自己的旅行经历，这很讨厌，是吧？"如果你是说话的人，遇到这种情况，我的建议是，你可以重新抢夺话语权，对他说："请先听我说。我刚想给你讲些故事！"

抢夺别人的话语权是倾听的大忌，但一言不发也会令对方讨厌，这就涉及倾听应该遵循的第二条规则：再次表达。在倾听的时候，你也应该尝试表达自己的意见，但是，你在表达意见时，要确保自己真正理解了对方的意思，这就是所谓的再次表达。例如——

阿妮塔："在最近一段时间里，我不知道为什么……我经常觉得完全被打败了。早上我需要工作，晚上还要照顾孩子。没有人来帮我。我的老板也经常给我压力。我经常觉得很生气，会跟自己的孩子和其他人说些难听的话。我现在只想度假。"

本尔德："你真的太累了。"

阿妮塔："是的，简直要崩溃了。"

"你真的太累了"这句话，就是再次表达。通过再次表达，阿妮塔觉得自己被理解了，交流就会深入下去。即使本尔德没有正确理解阿妮塔，再次表达也给了阿妮塔一个解释的机会。再次表达看起来十分简单，但是我们彼此的沟通常常就是败在了这上面。

请思考，尤其是当我们用阴影小孩的耳朵去听一件事的时候，很容易进行错误的理解。比如，本尔德不是阿妮塔的好朋友或者同事，而是她的伴侣，那么他很可能会把她的话解读为："难道我为她做得不够吗？！"这样的误解会让他觉得对方是在批评和指责自己。

最好的情况是，他应该检查一下自己的解读，可以友好地问一问阿妮塔："你是不是觉得，我应该多帮助你一些？"通过这种提问，阿妮塔就有机会要么肯定他的解读，要么更正他的解读。同时，她也能感受到，本尔德间接地听到了她的批评，她可以就这个问题深入和他进行探讨。

最坏的情况是，本尔德会把她的话解读为对自己的批评，并开始反击，他可能会罗列出最近他在忙的事情。这样一来，阿妮塔会觉得自己受到了批评和忽视，于是吵架就不可避免。

再次表达是一件非常简单而又困难的事。简单是因为人们可以通过它提高互动交流的质量。困难是因为集中精力于别人说话的内容并不是一件容易的事。这里我给大家举一个例子。

亚娜："最近桑德拉用邮件联系我，她想知道，我是如何策划自己的生日晚宴的。我问她，她是不是也打算策划一个生日宴，她否认了这件事。今天皮特问我，是不是也收到了桑德拉生日晚宴的邀请函。"

理查德："我知道了，我完全理解你的感受。"

由于理查德心不在焉，没有搞清楚对方的感受和用意，就连连迎合亚娜，敷衍她，这让亚娜很失望。

如果理查德认真倾听，用这样的话进行再次表达："你是不是有种被桑德拉嘲弄和欺骗的感受？"那么，亚娜就会觉得自己被理解了。

切合实际的再次表达会让说话者感到豁然开朗，而错误的再次表达会让说话者失望、生气甚至愤怒。所以，运用再次表达时，你必须认真倾听，弄明白对方真正想说什么。在任何情况下，你都应该确保自己听懂了对方的话，真正理解了对方的意思。

当然，如果你是说话的人，当倾听者没有正确理解你的观点时，你也可以更正倾听者的观点。但有时这种更正也无济于事。你肯定不止一次地经历过这样的情形：你觉得自己完全被误解了，因为对方完全执着于他自己的臆断。你努力想要向他解释，但他的再次表达总是不能说到你的心坎上。之所以出现这样的情形，最大的可能是，你遇到了一个十分自恋的人，一个"灰天使"，这时你能够做的事情是停止对话，友善地离开他们。

再次表达是对话心理疗法的一种方法，创始人是美国心理学家卡尔·罗杰斯。我自己也写有这方面的论文，由于篇幅所限，这里仅仅是简单提及。

Das Kind
in dir muss
Heimat
finden

第十章

允许你，成为你自己

为了抵御原生家庭的伤害，孩子会根据自己的天性无意识滋生出相应的保护策略，比如有的孩子压抑自己，迎合父母，慢慢形成讨好型性格；有的孩子为了保护自己，倾向于反抗，逐渐形成攻击型性格；还有的孩子害怕父母，既不敢反抗，也不愿意讨好，而是躲避父母，认为只有一个人独处才安全，最后形成孤独型性格。

我在本书中列举了十三种保护策略，不管你采取的是哪一种，它们都像沉重的外壳，遮挡了真实的自己。长期以来，我们运用这些保护策略，东躲西藏，权衡利弊，竭力保护自己，但在这个过程中，自我却被掩盖、禁锢、压抑和窒息。

自我重建，是一条抛弃保护策略，寻找价值策略之路。

所谓价值策略，就是回归自身，唤醒良知，用符合人性的价值观活出内在的光明。

摒弃保护策略，运用价值策略，意味着终于向这世界敞开胸怀，展现出自己真实的样子。这时我们不再活在过去的阴影里，也不再看别人的眼色行事，一切全凭良知。我们行为的原则不再是讨好、攻击和孤独，而是公平、正义、勇气和诚实。在做一件事情时，我们也不会太多考虑这件事是否对自己有利，能从中捞到多少好处，而是考虑是否违背自己的价值观和良知。

从保护策略转换到价值策略并不是一件容易的事情，但无论多么困难，都应该努力尝试，因为，更新这套生命操作系统，可以摆脱糨糊心理，让我们活得更真实，更幸福，赋予生命更多的意义。

讨好型性格的自我重建之路

在原生家庭中，如果经常遭到爸爸妈妈的指责和教训，或者由于其他原因爸爸妈妈总闷闷不乐，那么孩子在这样的家庭氛围中成长，就会产生强烈的不安全感，并为此感到焦虑和恐惧。如果孩子天性柔和、敏感，他们会自然而然滋生出一种保护策略，那就是压抑自己，迎合父母，变得听话，乖巧，逐渐形成讨好型性格。

讨好型性格迎合别人，追求和谐，但他们原生家庭的底色却是灰暗的，自身的心理需求从来没有获得足够的满足。

一般来说，讨好型性格都乐于助人。但是，如果把这种乐于助人的行为倾向和性格特征当成自身的保护策略，那么他们帮助别人的程度就会超过自己的精神和身体极限。有时候，他们还会强行帮助别人，不管对方是否同意，需不需要帮助。在他们看来，帮助别人可以提升自身的价值，而他们的问题在于忽视了自己的需求，即，没有照顾好自己，却跑去照顾别人。

如果你曾经坐过飞机，就知道，飞机起飞前，乘务员会对乘客说，当遇到险情，机舱减压，氧气面罩脱落时，请首先给自己戴上氧气面罩，然后再去帮助你身边的孩子。因为只有自己有了足够的氧气，才可以照顾别人。如果人们都没办法照顾好自己，也就没办法承担照顾别人的责任。

如果你属于这种乐于助人的人，那么你应该让你的阴影小孩知道，他没有必要为了他人牺牲自己，以此提升自我价值。你的内心成人要满足自己的需求，照顾好自己的情绪，这一点非常重要。这并不意味着，你要变得自私。你乐于助人的品质很美好，可以保留，但一定要先照顾好自己。

要平衡照顾自己和照顾他人的关系，需要首先承认自我照顾的合理性。很多自我不确定的人怀疑自己的"合理地位"。我这里所说的"自我不确定的人"，是指那些很少考虑自身感受，对自己的想法和意愿不太了解，即没有自我的人，或者自我干瘪的人。解决方案之一，是告诉你的阴影小孩，他没有必要为了受欢迎而压抑自己。跟他解释，他已经长大了，外面的世界不再像小时候那样，他没有必要讨爸爸妈妈的欢心。

长期以来，由于你考虑其他人的愿望总是多于自己，所以你可能已经形成糨糊心理，不清楚自己真正想要的东西。试着关注自己的需求，正如本书前面所说，请把注意力更多地放在你自己的感受上。

在跟其他人有联系的时候，请尝试有意识地体会自己的感受。不要猜想对方的愿望和需求。首先：张开你的嘴，说出你的所想和所不想！为自己负责。不要过分期望对方能猜出你的想法。

如果你觉得自己被束缚在一段关系中，无论如何也无法改变这段关系，那么请有意识地告诉自己，这很可能是别人的问题，而不是自己的问题。你之所以把别人的问题当成是自己的问题，是因为你阴影小孩的一个投射。你的阴影小孩想要获得认可，想通过那些人来证明自己是有价值的！

但是，请思考，你的价值不是由你的伴侣和其他人的行为决定的，把自己从"镜像自我价值感知"中解放出来。关于这一点我在前面已经写过。如果你长期寻求伴侣和其他人的认可，那么就不要希望他会改变，并重新认可你。现在你要思考，如何才能不依赖伴侣和其他人实现自己的理想。你要把幸福攥在自己手中。你可以开始新的兴趣或者重新捡起你原来的兴趣；经常和自己的朋友碰面；开始一段职业继续教育；让自己享受生活；做一切让你觉得幸福满足的事情，不要期待你的伴侣和其他人为你改变什么。

请把注意力和精力集中在自己身上，这样一来，你就能跟不幸福的关系保持健康的距离，照顾那些真正需要照顾的人。从根本上来讲，你把自己照顾得越好，给自己充越多的电，你在人生的道路上才会跑得越有力。

你可以让别人失望

一些人担心做出错误的选择，不敢为自己的人生决定承担责任，他们采取的保护策略同样是迎合别人，听别人的话，按照别人的眼色行事。

这样的保护策略会限制他们独立发展的能力，包括自由的决定意愿，结果就是，不能独立生活，即使白发苍苍，内心依然是个天真的孩子。他们的阴影小孩认为，只有强壮的大手才能扶持他们走过人生。这个阴影小孩完全依赖父母和其他人的认可，害怕让别人失望。

为了能够把自己跟父母分开，你需要建立起自己的价值标准，评判正确与错误。你必须自信地做出决定，坚持自己的看法。当你做出错误的决定时，你要具有容忍沮丧的能力，为自己的决定负责，这是自由成长必须付出的代价。如果因为害怕失败而把决定权转交给父母或者伴侣，你也就失去独立成长的机会。

失败是生活的一部分，告诉你的阴影小孩，人生中唯一的失败是因为害怕失败而放弃尝试，依赖他人。请把你的阴影小孩拥入怀中告诉他，错误是最好的老师，每个人都是在错误中成长，没有理由怀疑自己。同时，也需要让你的成人自我明白，大多数的决定都是可以重来的。如果一个决定被证明是错误的，还可以进行改正。

也请告诉你的阴影小孩，不要害怕别人失望，作为一个独立成长的人，完全可以让别人失望，这是你的权利。阴影小孩必须明白，成长意味着分离，他必须脱离父母，在心理上从原生家庭中突围，开启独立人生。当然，这并不是说，他不再爱父母，而是指，他可以根据自己的意愿筑建自己的人生道路。

前面提到，很多人都有这样的苦恼，他们的父母或者伴侣总想要替他们做主，有时候甚至利用强逼的手段。如果你遭遇了这样的情况，一定要严肃认真对待，不要心存幻想，幻想你的父母或者伴侣会在某个时刻为你改变。

借助于你的内心成人，理性地判断，并进行最现实的预测：这段关系有没有改善的可能？如果没有，就不要费力改善这段关系，而是努力保护好自己。如果你觉得有必要的话，也可以远离父母，脱离伴侣。

再重复一次，你可以让别人失望。

题外话：阴影小孩和疲惫感

如果一个人非常努力，依然没有成功，就会产生疲惫感。失败可能是因为领导和同事没有意识到你的价值，或者你的努力没有带来想要的结果。社会工作特别让人疲惫。例如，护士的工作安排经常都是非常紧张的，但尽管他们如此辛苦，还总是会怠慢个别患者。还有经理、运动员、政府官员、公司职工和学生也越来越多地抱怨自己完全处在疲惫的状态。

疲惫是忧郁的一种形式，被称为疲惫抑郁症。疲惫这个概念之所以被创作出来，是因为它十分通俗易懂。比起忧郁症，我们更容易接受疲惫这个词。在一般人的概念里，忧郁总是跟"心理疾病"以及"个人失败"联系在一起。疲惫听起来要好很多。

除了困难的工作条件，个人先天也会造成疲惫感。疲惫者的阴影小孩经常使用的保护策略是"追求完美"。他们不是想把事情做好，而是想把事情做完美，所以他们会执着于细节。疲惫者中的大多数是工作狂。工作狂的典型症状是，无法区别重要和不重要的事情：在他们的眼里，准备明天要穿的衣服和完成年度总结报告同样重要。他们想把所有的事情都掌控在自己手里。可以说，追求完美和追求控制欲的人是同一路人。

经常疲惫的人有两个原因，一是外部艰难的工作环境，另一个是内部对完美的追求。同时，他们还有两个注定的特点：首先，他们不知道自己压力的界限；第二，他们有糨糊心理，很难把自己跟周围人的要求区分开来。

疲惫者的阴影小孩会采取迎合他人的自我保护策略。这就意味着，他们想非常努力地完成所有的事情，并做得尽善尽美，以此来获取夸奖和认同，或者至少说是避免惩罚，而留给自己的感受空间基本为零。针对疲惫者的心理治疗可以分为两步——

第一步，让他们重新开始感受自己，提高自我集中力。我曾经强调过很多次，那些用迎合别人的方式来保护自己的人，会把注意力集中在周边人的需求上，而忽视自己的需求。对于他们来说，学习体会自己的需求显得非常重要。

第二步，为自己的需求承担责任，方法是足够为自己着想。在这里，他们必须学会表达自己的想法。如果他们已经预先拒绝了别人的要求，就不会产生疲惫感。工作和私人生活一样，人们有说"不"的权利。

如果你想要避免疲惫的状态，请练习集中注意力的能力，培养你对压力极限的感知，并且学习表达出自己的想法。这本书会通过各种练习来帮助到你。另外，请用你批判性的、成熟的理性来检查工作环境。问问自己，为什么你总是因为……而生气。问问自己，是不是这样真的有必要。问问自己，你在绝望的情况下是不是想要换工作。你需要跟自己的阴影小孩和他的保护策略保持距离，并且从外界来观察你的情况，这一点非常重要。尝试用理性的观点思考，仔细观察自己的优缺点。如果你能够和同事或者上级讨论自己的工作表现以及客观要求，这将非常有帮助。你还要检查一下内心的动力：到底是什么迫使你这么做？真的仅仅是外界的要求吗？还是你的阴影小孩害怕失败，害怕被拒绝的程度很高？

如果你完成了理性分析，可以把阴影小孩拥入怀中告诉他：

"哦，我可怜的宝贝，你一直这么努力，想要把所有的事情都做到完美。从今以后，你可以不这么做了，你只要知道已经尽力，就足够了。你没必要一直去证明。以前在原生家庭中跟爸爸妈妈的相处并不容易，你已经非常努力地让他们感到骄傲和开心。但是现在，这些日子已经过去。你已经长大，可以自己照顾自己。你足够优秀，完全有能力做你自己。你可以安静地休息，并且给自己一个假期。你的价值和你的工作表现没有关系。另外，你应当经常说'不'，并且给自己布置可以完成的工作。我，也就是内心成人，现在为你承担责任。我不会接受所有的任务，因为我要减少你的负荷。如果咱们有一天崩溃，都不会得到好处。我可怜的宝贝，在崩溃之前，我们也可以休息。让自己过得好是我们的义务，因为这样才能长期地守护我们的工作和家庭……"

接下来的练习会帮助你变得强大，适用于那些想要更多地照顾自己的人。

练习：消化情绪

你可以站立、端坐或者平躺时，进行这个练习。

1.闭上眼睛，感受你的情绪，以及身体。注意你的呼吸，跟随呼吸将注意力集中在身体上。确定身体的感受。感受痉挛的地方，把你的注意力传送到身体各个紧张和抽搐的部位，深呼吸，有意识地放松这些部位。

2.回忆一个你想要解决的问题，感受它给你的身体带来的改变：它会让你感到压迫吗？会让你感到阵痛吗？会让你的心跳加快，呼吸出现困难吗？真实地感受它们，然后接纳它们。

3.你在想象保护策略变得强大的同时，你的问题感也会随之变得强大。如果你的保护策略是追求完美，那么请设想，你怎样才能把所有的事情做得更加完美；如果你的问题产生于撤退和排挤，那么请设想，如果你完全撤退，什么事都不做那又会怎样；如果你因为攻击而产生问题，那么设想自己变得更加有侵略性的结果；如果你强化自己的保护策略，去感受，你的身体又有什么感觉。胸口会变得更加压抑吗？胃会阵痛吗？你会出汗吗？

4.现在再次呼吸，将这些问题的图画从脑中删除，把它燃烧殆尽。把注意力完全集中在你的身体感觉上。把呼吸集中在你出现感受的身体区域，直到身体的这种感受消失。体会一下这种消失的感受。

在日常生活中，如果你进入阴影小孩模式或你的问题模式，去感受你的身体，那么你就能够在纯身体层面消化这些情绪。然后，再转入阳光小孩模式。

带着好心情说"不!"

人们最大的一个问题在于,他们的阴影小孩认为,如果他们说"不",便不再优秀。由于害怕辜负身边人的期望,所以他们想把所有的事情都做得更好。内心阴影小孩害怕被拒绝的本性,就是他们外部行动的动力和指针。阴影小孩认为,如果把所有事情都做好,自己就会变得足够优秀,被人们接纳。但是正如所有迎合性策略一样,这个问题在于,评判正确和错误是没有标准的,仅仅是他人的想法。你已经做得很好,可能别人并不满意。你管得了自己的言行,却管不了别人的嘴。

我想要再次说说投射的问题,这在很多场景中都有体现。如果我们说"不",就会在脑中想象出对方感到失望的情形,为了阻止这种事情的发生,我们会顺从地同意,并自愿承担某个任务。例如,在同事聚会时,或者开展义务活动时,需要有人帮忙,尽管日常工作已经排得满满当当,我们也会去帮忙,通过累得精疲力竭,让内心可怜的阴影小孩感到平静。在阴影小孩看来,如果自己说"不"会导致道德惩罚,或者受到集体的排挤。但实际情况并不是这样。我的很多来访者学会说"不"之后,经常觉得惊喜,发现在他们说"不",或者没有自愿做一些事情之后，身边的人并没有对他们产生什么看法。另外，他们告诉我，在拒绝别人的请求，满足自身的愿望时，他们的精力也变得更好。真没想到，这会给人带来好心情。正如已经学过的那样，好心情是做个好人的前提。如果人们心情好，精力充沛，就会更乐意帮助他人。我想再次强调，这不是自私，而是学会了更好地照顾自己。很多人在采取自我保护策略时，大多数情况是有压力的、精疲力竭的，而且心情也不会太好。这就是说，他们不会带着好心情说"不"。

如果你经常不确定，是否应该拒绝别人的请求，这说明你十分害怕别人失望。如果你是这样的人，请尝试让你的内心成人用理性的观点思考问题。例如，你可以思考，请求者应不应该生气或者失望，而不是思考你是否应当说"不"。以"应不应该生气"为标准，这涉及价值观，是一种价值策略，而不是一种保护策略。如果你的邻居请你在烧烤聚会时带一个蛋糕，而你又没有时间或兴趣烘焙，那么直接告诉他，自己可以提供别的帮助，问他需不需要。为什么他会对你生气，他有哪些理由？请思考，如果人们诚实地说"不"，拒绝自己无法办到的事情，别人会因为被拒绝而生气吗？这会损坏两人的关系吗？那么思考一下，为了讨好别人，做自己不喜欢的事情，这值得吗？为了做真实的自己，可能会失去一些人际关系，你认为值得吗？告诉自己：我今天是强大的，我不需要讨好别人，我可以自己构建我的关系，而且我相信别人更喜欢真实的自己。

信任生活，而不是控制生活

控制是害怕的结果。人们缺乏安全感，内心感到害怕，就想去控制。

有些人控制的愿望非常强烈，想要控制的东西很多，试图以此来获得更多的安全感。他们内心的阴影小孩认为，自己无能，又无力，只能牢牢抓住一些东西，才会感到安全。所以，他们非常害怕放手，害怕别人脱离自己，极力控制别人。

如果你觉得自己符合上面这些特征，那么你的内心成人可以问自己两个问题。第一个问题：事情最坏会怎样？虽然回答这个问题很难，阴影小孩各种各样的恐惧会让你中断思考，但是，如果你能克服恐惧坚持下去，肯定会有所收获。第二个问题：如果自己放松下来，不那么紧张，相信生活，而不是控制生活，自己的生活又会怎样？

在回答第一个问题时，你可以把感到恐惧的场景彻底想一遍，尽可能地想象并且问自己：然后呢？当你看到最糟糕的噩梦时，问问自己：这个噩梦真的有那么糟糕吗？人们身处这个场景真的无能为力吗？如果你彻底想过并感受过那些恐怖的场景，就能有意识地跟你胆怯的阴影小孩保持一定的距离，以内心成人的身份告诉他：

"可怜的小孩，从前的日子让你太辛苦了。在原生家庭中，你跟爸爸妈妈相处并不容易，你甚至没有机会表达自己的想法，总觉得自己不够优秀。但是，现在我们都长大了，你害怕的所有事情都是不会发生的。我们可以随时寻求帮助。另外，我们还可以进行反抗。我们也学习了很多知识，并且掌握了很多技能。你要思考：现在我们是自由的，拥有自己的意愿。我们身上会发生什么大事呢？最糟糕的情况也不过如此，即使是那样，我们依然比世界上很多人都要过得好。"

你要知道：你的害怕是投射，是一种认知粘连。这辈子你害怕的大多数东西都不会发生。或者说，就算它们发生，你也能够解决。想一想，你的恐惧是不是经常让你陷入困境？恐惧会让你感觉好一些吗？还是比你想象的更糟糕？你可以设想一下，如果你是老板，聘请了一个预测顾问，可是他所有的预测都与实际不符，那么你会对他怎样呢？你肯定会解雇他。同样，你的阴影小孩经常让你做出错误的判断，让你无缘无故地担心、焦虑和害怕，那么你还相信他吗？

害怕从根本上来说不属于生活，属于控制生活。生活中绝大多数事情都不在你的控制范围内，你越是想要争取、抓紧和控制，你和身边的人就越会感到疲惫。如果一个人的保护策略是追求控制欲，那么他的功利心总是比一般人要重。在严重的情况下，这会导致病态的强迫行为和强迫思维。情形比较轻的人，则喜欢遵循严格的纪律和规定，这会让他们的生活变得痛苦。放弃控制欲是困难的，因为这要求我们必须首先信任他人，信任生活，但这一点正是这些人所欠缺的。

恐惧来源于对灾难因素的非理性夸大。例如，尽管那些害怕坐飞机的人知道，坠机的概率很低，却忍不住会想坠机的灾难性场景。一想到那种情形，就害怕得要命。知道飞机坠机的概率很低，这是成人自我的理性思考，想到坠机的场景则是阴影小孩的非理性感受。在这个过程中，他们的阴影小孩首先会认为，自己所坐的飞机有可能出事；其次，他们会认为，自己可能没办法承受这种后果。

要消除内心的这种恐惧，我们首先可以从阴影小孩入手，为他的负面信念寻找安慰和支持。也就是说，要消除投射，安慰你的阴影小孩，给他解释这个世界是安全的，他所害怕的事情并不会发生；同时，你还需要强化你的阳光小孩和成人自我。

其次，内心之所以恐惧，是因为我们把自己看得太重要，总是把注意力全部集中在自己的安危上，形成了以自我为中心的思考模式：飞机任何一次气流颠簸，都觉得是一个危险的信号；空姐一皱眉，就觉得可能有什么坏消息……这些再正常不过的反应都会被臆想成危险的信号，内心时刻处在紧张、焦虑和恐惧之中，不敢放松自己，不敢信任他人，直到飞机安全着陆，才敢长长地舒一口气。如果成人自我和阴影小孩保持一点距离，站在第三人的角度考虑问题，就会知道，我们的恐惧是臆想出来的，是自己吓自己。如果我们能够不再以自我为中心，敞开内心，走出去，信任飞行员，信任飞机制造商，以及空乘人员，那么，我们就会感受到久违的放松和释然，驱散内心的恐惧。

内心充满恐惧，就会对外形成控制。一些人拼命追求权力，也是因为内心深处有着强烈的不安全感。如果你属于这样的人，那么，可以问一下自己行为的动机是什么。你要清楚地认识到，重要的不是控制别人，也不仅仅是输赢，还有其他重要的价值观，例如，理解、合作、友谊或者尊重。顺便说一句：过去你没得到尊重，这是你内心的一块伤疤。检查一下自己，你是否想从别人那里获得更多的尊重，却没有给对方足够的尊重？你是否总强迫别人迎合你的愿望？你要有意识地认识到，你的控制欲迫使你强迫别人总是向你看齐，而你却缺少对对方的尊重。你要注意和他人平等地相处。如果你陷入阴影小孩模式，就会失去平等看待他人的目光，你会争取更多的权利，以达到优势地位。

你还需要让你的内心成人意识到，你现在已经长大了。你是自由的，没有人再向你施加权力。如果你争夺权力，这只会给你身边的人带来问题。现在你已经长大，可以自给自足。因此，你可以释放自己，逐步放弃控制欲，让事情按照它们本来的样子自如地发生。

总之，你可以去信任他人，而不是控制他人；可以信任生活，而不是控制生活。

如何管理自卑的情绪

如果我们陷入阴影小孩模式，伴随这种状态产生的不仅是始作俑的信念，还有那些痛苦的情绪。对于大多数人来说，情绪总是冲在最前面，一浪高过一浪，并且成为主题。有些人的情绪是孤独寂寞。有些人的情绪是不安全感和羞愧。有些人承受着罪恶感。有些人被恐惧侵蚀。有些人的妒忌心挥之不去。有些人懒惰成瘾。很大一部分人都会定期受到负面情绪的影响。

如果这些情绪已经到达一定的强度，就很难去管理。脑科学最新发现，不管是积极或是消极的情绪，所有的情绪波动都会阻断我们解决问题的能力。因此，人们需要让内心的成人及时采取行动。我打算用一个小例子解释一下：

32 岁的苏西在一次诊疗时告诉我，有一天晚上，她与男朋友被邀请参加一个派对。一个女孩邀请她男朋友跳舞，这本来是一件很正常的事情，可是苏西的心中却醋意汹涌。看着心仪的对象跟别的女孩跳舞，她觉得自己被男朋友冷落了，自我价值感一落千丈，整个晚上都被悲观的情绪所吞噬，大脑似乎停止了运转。她不知道自己是如何回家的。她悲观地在床上躺了一个周末。

苏西对我说，她经常陷入自我怀疑的情绪之中，不明白是怎么回事。

不仅是苏西，任何人被一种或几种负面情绪淹没的时候，大脑都会被僵住，很难发现情绪背后隐藏着的负面信念。不管苏西的情绪波动如何剧烈，如何难以捉摸，万变不离其宗，皆是来源于她阴影小孩的负面信念——"我没有价值""我不够优秀"。如果她能够明白这一点，早点采取行动，就不会让自己被消极情绪彻底淹没。她可以通过内心的成人自我告诉阴影小孩："你的价值并不取决于别人，更不取决于面前这个男人跟谁跳舞。你之所以觉得自己价值感低落，是因为陷入了'镜像自我价值感知'。即使这个男人真的不喜欢你了，只能说明他是一个渣男，也不能说明你自己没有价值，你不值得为这种男人把自己的心情弄得很糟。"

最后，苏西可以通过内心成人做出这样的决定：跟别的男人跳舞，或者干脆去别的地方找点其他有意思的事情，还可以跟其他好朋友碰面或者去自己常去的酒吧，跟自己的老熟人聊聊天，以此来转移一下注意力，让自己的情绪变得好一些。但遗憾的是，当时的苏西没有及时意识到这些，她整个晚上完全认同了自己的阴影小孩，而没有主动通过这些方法帮助自己。

想要管理或者避免某种情绪，你必须及时了解阴影小孩，给予他家人一般的理解和帮助。例如，如果你的阴影小孩倾向于孤独，周日你刚好独身一人，那么，为了避免触发这种情绪，你可以在星期天给自己排满计划，填充这个孤独的漏洞。

如果你经常被妒忌的情绪控制，可以有意识地想出一些策略，管理这种情绪。例如，你和伴侣被邀请至一个聚会，这个时候你的阴影小孩会全副武装，随时攻击。请思考，你的成人自我要用什么方式掌控局面，提前辨认出可能出现的触发场景，然后准备好自己的行动策略。如果没有及时意识到阴影小孩的动态，你就很容易陷入嫉妒的情绪当中。

俗话说："惹不起，躲得起。"对于一些负面情绪，我们可以采取躲避的方法解决。例如，我们可以通过成人自我提前辨认出那些会触发负面情绪的场景，及时避开，或者避免说一些触发这类情绪的话。但是，有些负面情绪可以成功避开，有些则很难躲避。面对这些负面情绪，准备好应对策略就显得更有意义了。

接下来，我打算讨论"攻击型性格"应该如何从愤怒中突围，重建自我。

攻击型性格如何化解心中的愤怒

攻击型性格的特征是脾气暴躁，容易愤怒。

愤怒的人拥有非常快速的刺激反应系统，也就是说，导致愤怒的触发点和反应之间的时间非常短暂。你一定还记得本书开始提到的麦克，他因为妻子忘记买香肠而大发雷霆。这就是以"攻击"作为保护策略的典型。

如果你跟麦克相似，那么请辨认一下你愤怒的真正原因。对于麦克来说，看起来好像是香肠惹的祸，其实他的愤怒来源于自己受伤的阴影小孩。他的阴影小孩认为"我的愿望没有得到尊重"，以及"我吃亏了"。麦克的愤怒产生于他对现实的扭曲解读。由于麦克倾向于用攻击和愤怒保护自己，反应速度很快，没有时间思考，所以他想控制愤怒就显得格外困难。

对于选择"攻击"作为保护策略的人，要想控制愤怒，就必须在愤怒爆发之前立刻辨认出自己的触发点，并迅速采取预防措施。如果愤怒已箭在弦上，几乎就没有改变的余地了。

不过，如果有备而来，能够辨认出触发点，我们的内心成人就能够抓住最佳的时机，冷静地掌控情绪。如果你知道父母、同事或者叛逆的孩子很容易激怒你，可以借助内心成人了解，到底他们触发了你身上的哪个按钮。你可以提前思考，想要用什么方式掌控这种情绪。为了找到你的触发点，最好再次做一次前面的练习——"核对现实"，了解客观现实和主观感知之间的关系。这样一来，你就可以把激怒你的各种不同场景，归结到你的负面信念，以及你受伤的阴影小孩身上了。

32 岁的马库斯，童年在原生家庭中过得很不快乐，他的爸爸妈妈都酗酒，并且有暴力倾向，长大后的他总是没有办法控制自己愤怒的情绪。如果一个人的阴影小孩觉得没有得到足够的尊重，那么他就对别人不尊重他的信号非常敏感，甚至捕风捉影。马库斯就是这样，酒吧里一个怪异的眼神就有可能触发他，觉得别人在嘲笑他，尊严受到了挑衅，于是便会直接口头攻击，甚至大打出手。当马库斯认识到自己的阴影小孩之后，一下子辨认出了很多浮现出的信念。其中有两个很重要的信念："我无能！""我无助！"无能和无助是冲动和愤怒的温床，这一点适用于"攻击"人群的大多数。每一种尖锐情感的背后都隐藏着某种柔软的情感。愤怒是尖锐的情感，无能和无助是柔软的情感。人感觉到自己无用，才恼羞成怒；感觉到无助，愤怒才成为人最后的选择和出路。

为了掌控自己的愤怒，马库斯必须学会友好地对待内心的阴影小孩，让自己处在成人自我的模式当中，这样他才能客观冷静地看待臆想出来的嘲笑和挑衅。本书中有很多练习都可以帮助他。其中有一个练习格外有用，即所谓的回答策略。回答策略能帮助人减少主观的无力感，让人变得冷静。

顺便说一句：人们不仅会因劣势地位变得愤怒，也会因优势地位而控制不住自己的情绪，颐指气使。很多领导向下属发火，父母向孩子发火，老师向学生发火，等等，都属于这类。当然，也有人会在完全平等的情况下发火。如果事情不像人们设想的那样发生，愤怒就容易爆发。例如，人们觉得被伴侣误解，或者伴侣没有把洗碗机清理干净等。愤怒是失去控制后的一种反应，没有耐心也扮演着一个重要的角色。耐心缺失是愤怒的"妹妹"。冲动的人一般都没有耐心。

但是，请注意，冲动不是纯粹的意外，不是自然法则，也不是一种命运打击，人们完全可以改变自己冲动的性格。要改变冲动的性格，首先必须承认自己有冲动的倾向，承认问题是解决问题的前提。其次，在每次愤怒爆发之前，都存在片刻的自由决定时间，你要抓住这个宝贵的时间，想一想愤怒的后果。一些人之所以在老板面前可以控制愤怒，而在家中却不行，就是因为在老板面前，他会想愤怒的后果，而在家中却忘记了这一点。

我的一个朋友曾经告诉我，每次当她快要愤怒的时候，有一句话总是能让她迅速平静下来，这句话是："愤怒是一头发疯的公牛，还是想想那头冥想的母牛吧！"

母牛冥想

我的朋友赫兰娜，也是一位心理治疗师。一天晚上，她与我见面。当时我十分疲倦，心情不是很好。

看到我的样子，她对我说："你能帮个忙吗？"

"什么事？"

"你能像一头母牛一样注视着我吗？"她说。

"我不想！"

"求你了，来，试一试嘛！"

"好吧！"

接着，我学着母牛的样子，放松下来，用愚蠢的眼神注视了她几分钟，最后忍不住哈哈大笑起来。顷刻之间，不好的情绪烟消云散。

赫兰娜的老家在东弗里斯兰，她跟我解释说，她经常跟她的来访者做这种母牛冥想练习。赫兰娜说，在老家这个练习操作起来更简单，因为这个地区母牛的数量已经超过了人的数量。当她的来访者像一头母牛一样看她的时候，赫兰娜会请求客户对她发怒。她的客户会说："我做不到！"她会说："这就对了！"人们无法一边像母牛一样，一边发怒。母牛的注视方式非常放松，也很愚蠢，这跟愤怒是格格不入的。赫兰娜建议那些容易愤怒，又不会处理这种情绪的人，每天进行 10 分钟的母牛冥想练习。我也想向大家推荐这种方法。

帮助你的内心成人回忆一下：身体姿势和表情会对我们的情绪产生什么影响。一个完全放松的面部表情（母牛般的注视）在心理上很难跟愤怒联系起来。

如果你还没有把"母牛冥想"这个方法掌握得炉火纯青，以至于没办法完全放松地接待每种攻击，那么"回答策略"则可以帮助你保持独立自主的状态。

练习：回答策略

在这里，我们讲的是准备好了的现成回答，这份回答可以应付几乎所有的场景。马蒂亚斯·诺克在他的《对答如流》一书中提到过所谓的速溶话语，跟速溶咖啡类似。这些话是人们提前准备好的，可以立即使用，丝毫不需要任何思考。相反，如果人们必须自己想出一个快速的回答，这个瞬间早就过去了。

一般来说，人们需要为两个场景准备好对答如流的答案：

1. 朋友以及同事之间无恶意的玩笑话。这些话是无害的，完全可以一笑了之。

2. 公开或者潜意识的侵略性攻击，这是非常让人生气或者伤人的。

人们可以利用以下的速溶回答，回应基本上所有实际或者臆想中的无礼行为：

· 你刚才说什么了吗？

· 你能重复一遍你刚才说的话吗？

· 如果想听你的观点，我会告诉你。

· 有人刚刚讨论过这件事。

· 我不太明白这个意思。

　　诺克说，最后一个回答是所谓的废话。这些回答实际上没有任何意义，只是暂时阻挡了你愤怒的节奏，让你有时间思考确认一下，自己刚刚是不是受到了愚弄。这种愚弄是真实的，还是阴影小孩臆想出来的？成人自我应该怎样应对？有时候，没有意义的话却具有重要的意义。

　　诺克还提到了荒唐戏剧，即所谓的答非所问。你可以保持严肃的表情，声音听起来好像是在回应对方，但是回应的内容完全是另外一码事，例如："在春天里，农民收获芦笋！"或者："理发师用傻瓜的胡子学习剃须。"这些都是没有意义的俗语，也不符合你身处的场景，但这些打岔的话，却像一个木楔，可以阻断你对刺激做出本能反应，打破攻击——反击循环。运用得好，可以会心一笑，化解冲突。

　　还有一种消除攻击锋芒的技能是夸大所说的内容。例如，在原生家庭中，母亲因为孩子调皮忍不住快要愤怒了，爸爸为了阻止妈妈发怒，可以说："亲爱的，骂他，打他，你等我一会儿，我去拿刀！"当然，爸爸并不会真去拿刀，而是用这种夸张的话，让妈妈获得觉察，消除心中愤怒的情绪。

　　另外，还有一个非常好的速溶话语叫作"你说得有道理"。

认同对方，是化解对方攻击最有效的武器。

题外话：对抗上瘾的价值策略

瘾，是一种非常宽泛的范畴，针对不同的瘾，有各种不同的戒除方案。在这里，我打算使用几种价值策略，帮助你摆脱上瘾的困扰。

上瘾之所以能够全面地控制你，是因为它掌控了你的情绪。不管你上瘾的是药物，还是行为，首先给你带来的是快乐。追求快乐是上瘾的动力之一。不过，上瘾还有一个更大的动力，那就是逃避痛苦。

追求快乐，人们会努力；逃避痛苦，人们会不遗余力。

很多人为了逃避内心的恐惧、空虚、焦虑和不安全感，纷纷对一些东西上瘾。如果不依赖这些东西，就会没着没落，失去支撑。所以，心理治疗普遍认为，饮酒、吸烟和暴饮暴食等跟阴影小孩寻求安全感的需求有着紧密的联系。

为了摆脱上瘾，人们需要坚定的意志力。例如，早上醒来必须下这样的决心："我必须停止暴饮暴食！""我必须戒烟！""我必须停止酗酒！"等。人们不禁会问：这种意志力从何而来呢？能持续多久呢？无数心理学研究证明，意志力是一种肌肉活动，在强劲的压力之下，这种活动也会消耗殆尽。这意味着，人们使用意志力的频率越高，意志力就越容易疲惫。如果人们白天都在练习坚持，那么意志力在夜晚就会变弱。大多数人的意志力会在夜晚崩塌。正因如此，那些决心节食的人，毅力总会在夜晚变得十分脆弱。

戒除上瘾之所以困难，还在于克制自己不做某事比做某事需要更多的意志力。如果你打算做某事，例如，一天跑步半个小时，那么你只需要使用半小时、再加上五分钟换衣服的意志力。但克制某种行为，却需要你一整天的意志力。所以，仅仅凭借意志力很难戒掉上瘾。我们还必须从阴影小孩入手，通过安慰阴影小孩，釜底抽薪，减少其内在动力。下面这个练习可以帮助你实现目标。

1. 询问你的阴影小孩，并体会一下，到底阴影小孩在害怕什么。是害怕被拒绝，还是害怕被抛弃？是害怕没有存在感，害怕消失，还是害怕死亡？探索一下，到底是什么负面信念让你上瘾。这些负面信念不仅包括你已经发现的信念，例如"我不够优秀"或者"我没有价值"，还有那些直接跟上瘾相关的信念，例如"我没办法完成！""如果不吸烟，我就没法集中精力！""我必须吃点甜的东西！"你自己体会一下，这一切是什么感受。请写下所有你发现的有关阴影小孩和上瘾的东西。

2. 然后，请把你的阴影小孩拥入怀中，安慰他，告诉他，你理解他的恐惧，但是就算他吃再多食物、吸再多烟、喝再多酒也不会减轻他心中的恐惧，因为这些外在的东西并不能真正给他带来内心的支持。你可以告诉他，你，还有友善的内心成人永远在他身边，永远不会抛弃他，会一直给他勇气，与他一起渡过难关，如果他能从恐惧中跳出来，他会是多么令人骄傲，生活将会是多么幸福而美好。

3. 寻找一种新的生活感受。例如，你想戒烟，可以设想，自己在森林里散步。你完全和森林融在一起。你呼吸着新鲜的空气。你也可以设想，自己在大海中游泳，当累得精疲力竭的时候，躺在沙滩上，温暖的阳光让你又重新充满活力。你游泳时呼吸都来不及，根本不可能吸烟，这样的想象能够让你大脑中的神经细胞建立起新的链接。当然，你还可以设想，当你嘴上不再叼根烟的时候，你是多么整洁文雅。当你不再吸烟时，你周围的空气都变得清新起来。这些场景会消除你阴影小孩心中的恐惧。

4. 创建一些新的信念，并把这些信念融合进你的新生活当中。体会这些信念给你身体带来的感受。把它们用你最喜欢的颜色画在一张纸上，挂在你的屋子里。每天至少念15次，同时体会给你带来的感受。

5. 众所周知，停止做某事很难。你不仅要在大脑中塑造一种对抗程序，还要将这一程序付诸实施。对于上瘾者来说，运动是最好的对抗措施之一，会帮助你获得新的生活感受。我强烈推荐，如果你没有运动的习惯，尝试进行定期运动。

6. 思考一下，你可以采取哪些行动，填补放弃上瘾之后出

现的空缺。你可以用一种新的兴趣、新的工作、新的生活，充
实自己。

7.如果你觉得自己的瘾又出现了，请进入自己新的生活感
受中，以此转移注意力。不要沉迷于瘾中，无论多好，都不要
尝试。

另外，合理的日常规划也非常重要，可以避免瘾再次出
现。大多数复发情况要么是因为压力过大，要么是因为太过空
闲。合理的时间规划会帮助你们避免这两种情况发生。

著名的懒惰定律

和其他性格特征一样，懒惰也有其基因成分：人们除了活
动系统之外，还有一套节能系统，可以节省人的能量，避免毫
无意义耗空身体。懒惰就属于节能系统里的东西。

你或许也有过这样的经历：休息的时间越长，越不想动；
做得越多，越有活力。这就是著名的懒惰定律："就算没有原
因，休息的身体更愿意休息。就算没有原因，行动的身体更倾
向于行动。"

在学生时期，我对这个定律就有了深刻的体会：期盼已久
的暑假开始后，我制订了详细的计划表，准备付诸实施。当

时我的时间很多，每天早起，我会端一杯咖啡到床边，在那里看几个小时的小说，直到中午。由于缺乏运动，身体慢慢懒起来，然后开始睡觉。等到下午醒来的时候，我的生物循环已经处于最低点。晚上更是懒洋洋的。就这样，日复一日，时间一天天过去，我做得越少，就越不想做，越来越懒。到了暑假的末尾，我的活动欲望已经非常低，即使白天什么事情都没有做，只是把衣服放到洗衣机里面，就已经精疲力竭了。

后来，学校开学，我的作息时间表又变得正常起来。尽管压力很大，每天都很忙，可是，身体越活动，越愿意活动。

懒惰定律不仅适合我，也适合每一个人。为什么很多人周一的状态很差，并不是因为工作有多么繁重，而是因为周一跟周日的反差太大，身体还处在"越休息越想休息的状态"。由于周一已经开始工作，周二便进入了"越活动越想动的状态"。到了周三，周四，人们会觉得工作轻松了许多。到了周五，人们甚至会感到困惑：为什么自己在周一时会如此糟糕呢？其他活动也是如此，我们活动得越频繁，觉得越容易。

你可以设想一下，如果没有一周七天的循环，没有工作日和休息日的交替，世界会不会乱套，我们不是忙死，就是懒死。所以，应对懒惰定律最好的办法，是制订明确的日常规划。我自己就喜欢"按照计划"生活。每天起床，早餐之前，我会做一会儿运动。上午我会用来写作。中午休息时，我会去散散步，然后练习一下钢琴。下午，我的工作是接待来访者，进行心理咨询。下午 6 点左右，结束工作。整个一天非常平淡，但是很有效率。

请思考那些对你来说非常重要的事情，然后制订出你的每日和每周计划，这会给你很大的帮助，可以让你劳逸结合，张弛有度。最大的问题在于如何开始计划。开始需要巨大的启动力，之后的事情会变得容易得多，尤其是当你的计划进入"自动驾驶"时。自动驾驶，意味着你能够持之以恒地前进。当然，也许你会认为自动驾驶的动作太机械，就像每天早上的刷牙洗脸，没有激情。但问题是，没有人可以仅仅凭激情生活一辈子，没有纪律的激情早晚会翻车。

纪律是激情的保证。在我认识的人当中没有人是可以仅仅通过激情来生活的，艺术家也需要始终如一地遵守自己的工作时间，也需要持之以恒的能力。如果缺乏这种能力，你可以凭借激情开始做很多事情，但没有一件能够善始善终。没有纪律的激情会让人的知识和能力浮于表面，无法深入钻研一件事情。长此以往，人们会对自己不满意，觉得自己肤浅，没有深情地活在这个世界。纪律能提高投入的能力，而投入并深入研究一件事会让我们感到深层次的满足和幸福。这会让自我价值感变得健康。

要战胜懒惰，必须解决两个问题：一是如何改善自己的启动力，二是如何提高自己的持久力。万事开头难，启动力弱的人会患上拖延症。所谓拖延症，缺乏的就是启动力。这些人总把重要的任务往后拖延，无法启动自己去做某件事情。人们之所以患上拖延症，一是因为懒惰，二是因为阴影小孩所产生的强烈自我怀疑。拖延症患者的阴影小孩害怕失败。这种潜在的无法胜任工作的恐惧会导致他一直把工作往后拖延。而内心的成人却完全持相反的观点。比如说，内心的成人完全知道，自己可以填写好税收申报，但是因为害怕出错，阴影小孩还是不敢行动。他的信念可能是："我完成不了！""我很脆弱！""我太笨了！"于是他用拖延来逃避。

练习：治疗拖延症的七大步骤

1. 问问你的阴影小孩，到底是什么原因让他磨磨蹭蹭：是害怕失败吗？是不想满足别人的期望，故意抵抗吗？是因为懒惰吗？找到那些让你丧失信心的信念。例如："我做不到！"或者"滚蛋！"然后体会一下，如果你一直保持这种丧失信心或者坚决抵制的状态，你的阴影小孩又是如何。体会一下，当你把事情一再拖延，你今天晚上、明天、下周或是下个月又是什么感受。你可能会有深深的负罪感，甚至还会害怕。让你自己体会一下这种感受。

2. 有意识地把阴影小孩和你的内心成人分开，清除认知粘连，用你在这本书中学到的方法安慰你的阴影小孩，强化你的内心成人。

3. 把你的负面信念转换成积极信念，就像在前面学到的那样。如果你的信念是"我做不到",那么把这个信念转化为"我可以做到"。用你最喜欢的颜色把这个信念画在你的阳光小孩剪影上,或者画在另外的纸片上。

4.目标感:如果你需要完成一个有时间限制的工作,比如说,申报税额,那么运用你所有的感官去感受,如果完成这项工作,你会是什么样的感受。进入你的积极情绪,激活你的阳光小孩。

5.如果一个任务对你来说太大,那么树立一个中间目标。例如,如果你打算开始慢跑,那么你可以在一开始的时候花半个小时走走跑跑。这样不会那么累,"万事开头难"的那种困难也会随之降低。或者,如果你打算清扫地下室,你并不需要花费一个星期的假期来做这件事情。因为在这种权衡之下,你很可能会放弃打算。相反,你可以每天下班后花一个小时打扫。也就是说,树立一个可以实现的现实目标。

6.把你的打算写进每日计划或者每周计划。

7.给予自己奖励。例如,如果你完成了一个目标,可以满足自己一个愿望,或者也可以换种方式奖励自己。如果你一个人辛苦,你的伴侣却在一旁休息,你可以请求伴侣给予自己回应以及鼓励。

请思考:拖延需要的能量会花费你一天,甚至一个星期的时间,而速战速决需要的能量、时间和精力要少得多。

孤独型性格如何突围

　　很大一部分人的阴影小孩还停留在对原生家庭的恐惧中，他们害怕与父母相处，极力逃避。这样一来，不仅逃避了对外的人际关系，同时也抑制了内心的意愿。长大之后，他们喜欢独处，无法处理亲密关系，形成了孤独型性格。

　　孤独型性格认为伴侣关系会威胁他们独立的需求，固定的人际关系就像是监狱，会束缚他们的个人自由。由于有了这样的认知，他们在跟其他人近距离接触时，很容易出现失去自我的感受。为了避免这种情况发生，他们会在找寻亲近的同时制造距离。只有当独自一人时，他们才能真正做回自己。

　　如果你属于这种情况，那么应当告诉你的阴影小孩，他现在已经长大成人，没必要通过逃避关系来保护自己。根据实际情况来分析一下他的逃避，了解这后面隐藏的信念。一般来说，其背后隐藏的信念有："我得为你的幸福负责！""我必须一直在你身边！""我必须迎合你！"也许，你会感到奇怪，这些信念不是让人产生依赖吗？怎么又让人产生了逃避呢？依赖与逃避，看似矛盾，其实是一枚硬币的两个面，都是没有主见的表现。例如"我必须迎合你"这个信念会让人产生依赖的情绪和行为，依赖的人没有自己的意愿和主见，一切听从别人的安排。可是，当依赖的人感到憋屈和痛苦的时候，又会从一个极端走向另一个极端，固执地选择逃避：凡是父母要求的，他们都拒绝，凡是父母反对的，他们都坚持。从表面上看，逃避似乎不同于依赖，但是他们反其道而行之的参照物仍然是别人，仍然依赖别人的言行来决定自己的言行，自己并没有主见。

请利用内心成人告诉你的阴影小孩，不管是依赖，还是逃离，都说明你失去了掌控自己的能力。依赖不会让你走向独立，逃避同样不能。你的问题在于，你很难把自己的期望与身边人的期望分离开来，不知道自己想要的究竟是什么。由于不习惯表达自己的想法，所以，你会以攻为守，通过逃避身边人的想法和期望摆脱困境。

想要摆脱这种模式，很重要的一点，就是让你的阴影小孩知道，你现在已经是一个自由的成人，不要还停留在从前父母做主的现实中。只有深刻地理解到，你现在是一个自由的人，才能避免产生由他人决定的感觉，真正独立地决定你的所想和所不想，成为主宰自己命运的人。对于你来说，重要的是迈出第一步，了解自己的愿望及需求，第二步，学会用一种合理的方式表达自己的需求，而不是选择离群索居。

在与他人相处的过程中，尽可能尝试体会自己的感受，问问自己，你想说什么，或者做什么。有意识地体会，在相处过程中自己是如何为自己争取权利的。这是你逃避的原因。如果你的阴影小孩总是担心陷入劣势地位，总想为自己要求更多的自由空间、独立性和权利，就容易出现逃避。请有意识地进入成人自我状态，用清醒的理智分析一下情况。你要让自己明白，跟对方相处应该做到平等，你拥有平等的权利，你是自由的。然后再思考，如果你拒绝了对方的愿望，这是否公平和正确。如果你总是在保护自己，以至于不再同情对方，那么对方就会变成你的敌人。尽可能多地询问并修正自己的感知。你可以在这本书里找到许多练习来帮助你。

用兴趣和爱好，提升自我价值感

著名哲学家托马斯·阿奎纳说："活动让人快乐，懒惰是悲伤的源头。"活动能控制抑郁，让人进入忘我的状态，并减轻精神上的负担。

大量的幸福感研究证明了上述观点。其中比较著名的学说来自于心理学家米哈里·契克森米哈，他提出了"心流"这一概念。心流是一种流动的内在状态。在心流中，人会变得忘我，做任何事情都能集中注意力，例如整理花园、滑雪、做手工活动或者作曲。这种投入赋予人能力，感觉充实，可以开启阳光小孩模式。

如果你没有兴趣，或者缺乏爱好，那么我强烈推荐你在生活中寻找一种兴趣或者爱好。思考一下，什么让你感到快乐，就从这里开始。不要想，自己是不是太老了，没办法开始做这些事了。有些东西实际上是年纪越大，学得更好，因为人们掌握了更多的学习策略。例如，成人学习乐器的速度要比小孩快得多，这跟我们通常听到的观点并不一致。我42岁时开始学弹钢琴，发现自己进步得很快。

兴趣爱好能帮助你转移注意力，把注意力从你担心的事情上转移开来。如果你总是能够成功，或者学习到新的知识，你会觉得满足、幸福和骄傲。这样你便通过一种健康的方式增强自己的价值感。如果在做一件事情的时候充满热情，精神专注，你的阴影小孩也会得到安慰。

兴趣和爱好会帮助你满足自我。掌控兴趣的权力完全在你手中，你无须等待别人让你感到幸福，或者别人给你安慰。思考一下，每种能力的获取都需要付诸努力。如果你是那种心血来潮，有很多感兴趣的事情，最后却很少坚持到底的人，你可以再读一读前面克服懒惰的内容。

在培养兴趣和爱好的同时，你要为自己的快乐负责。这一点当然也适用于日常活动。例如，请朋友吃饭、看电影或者在夏天去露天游泳。不要等待某件事情自然发生，你应当自己规划生活。

这些都是最重要的价值策略，能够帮助你构建自己的人际关系。

我们与自己的关系越好，与他人的关系便会越好。

我们越是了解自己的阴影小孩，越不容易把自己的恐惧和不足投射到他人身上。

我们越是经常处于阳光小孩模式，就越容易跟其他人愉悦相处。

与此同时，我们越是减少使用保护策略，尝试缓解自己和他人之间的关系，越能够提升自我价值感。

自我价值感是我们追求的目的，人生面临很多矛盾，诸如：怀疑与信任，快乐与不快乐，在乎别人与自我坚持等，要平衡这些矛盾，自我价值感是一个天平，决定了所需要控制的范围。如果一个人没有了自我价值感，一切都将失去平衡。自我价值感深刻地影响着人的快乐和幸福，比起那些自我价值感脆弱的人，拥有完整自我价值感的人可以更好地调控自己追求快乐的能力。他既不会严格苛求自己，也不会肆意放纵。

阴影小孩和阳光小孩是一种比喻，用来形容我们自我价值感中脆弱有问题的部分和健康强壮的部分。正如你学过的那样，重要的是接纳内心的阴影小孩，但不能把领导权交给他。同时，还要加强阳光小孩，给他足够的空间。

练习：找到自己的价值策略

如何寻找对自己有益的价值策略呢？

与寻找保护策略一样，你可以根据情况描述适用于自己的价值策略。例如，你可以记录下"我学习打高尔夫""我与我的丈夫平等相处""我每天早晨充满阳光小孩的情绪""我给自己找到了一份新工作""我每天花半个小时时间和我的孩子玩耍"等等。把你个人的价值策略写在阳光小孩剪影的脚部区域（参见封底折页）。

现在，你看到自己的阳光小孩已经完全充满潜能。如果你定期与你的阳光小孩玩耍，靠自己新的信念、价值观和价值策略生活，也就是说，你把自己新的知识运用到了日常生活中，那么，阳光小孩的潜能就可以得到完全发挥。

你要尽可能安慰你的阴影小孩，把他和成人自我分开，摆脱糨糊心理，这样一来，你就可以转换进入阳光小孩和内心成人模式，并形成新的信念，以及新的价值策略。

为了让你自己经常想起新获得的价值策略，我建议你不要把阳光小孩剪影放入抽屉，而是把它挂在房间里。你也可以用手机拍张照片，那样你在路上的时候也可以随时查看。

练习：阳光小孩和阴影小孩融合

接下来的练习能帮助你将阴影小孩和阳光小孩联系起来，融合进的性格当中。所谓的"8字回路"概念是由美国心理研究学家德博拉·桑贝克提出的，能促进左右大脑的相互协作，这是提高复杂脑神经网联系的方法。

下面的练习源自于我的助手和好友茱莉亚·托莫查特，能实现阳光小孩和阴影小孩的动态融合。我会定期在研讨课上进行这个练习，每次的效果都让我感到震惊。练习的目的在于，你可以接受并融合阴影小孩和阳光小孩，并且能够明显意识到，你可以自己选择状态。

在做这个练习的时候，最好有两个助手，当然，一个人也可以进行。

1. 在第一张卡片或者纸条上记录下你阴影小孩的消极核心信念。如果你喜欢，也可以添加与这个状态契合的颜色，比如说灰色。添加这些不太明亮的颜色能够让你直观看到阴影小孩的核心信念，对这个练习的帮助很大。相对应地，在第二张卡片上记录下积极的核心信念，当然也可以添加一些明亮的颜色代表你正面的情绪、内心的场景（比如大海），以及阳光小孩的价值。

2. 把阴影小孩和阳光小孩剪影放在地上，你可以顺着这两个剪影走"8"字形回路。也就是说，阴影小孩位于"8"字的一个圈中，而阳光小孩位于另一个圈中。

3. 如果你有两个助手的话，他们可以站在"8"字的两个圈中。A可以拿着阴影小孩剪影站在一个圈中，而B可以拿着阳光小孩剪影站在另一个圈中。

4. 你站在"8"字的中央，然后开始顺着线路走动。当你走到 A 的那个圈时，A 大声朗读出他手上所持卡片上的内容。当你走过两个圈的交界处，走到 B 的那个圈时，B 开始大声朗读出卡片上的内容。当你过了临界点时，助手 A 继续阅读。如果你没有助手，那么你可以自己交换阅读卡片上的内容。也可以对卡片上的内容进行录音，共录约 10 次，要注意说话的速度，跟你走路的速度相协调。

5. 你的助手交换阅读卡片和你顺着"8"走回路的次数大约为 10 次。最后，你站在"8"的中央，然后体会，你内心有了哪些改变，你更愿意保持在哪个状态之中。如果你觉得，比起阳光小孩来讲，你更愿意待在阴影小孩状态之下，再次重复这个练习，直到你觉得舒适和谐为止。

另外，你可以在生活的各个领域对这个练习进行改编。在你的生活中出现两种不同的需求或者动机的时候，这个方法总是很管用。当你在两个选择中间犹豫不决时，也可以采取这个办法。你可以在一张卡片上写上正方观点，在另一张卡片上写上反方观点。

下面到了这本书的最后一节。在这节中，我们探讨的也是一种价值策略，但这是最基本的价值策略，可以认为是本书的目的，也正是因为这个原因，我才把这个策略放在本书的结尾。

允许你，成为你自己

　　保护策略是为了保护我们免受攻击，并且获得尽可能多的认可。在这本书的前面讲到过，我们探讨的不仅仅是原生家庭中痛苦的童年创伤，也是一种基因现象：我们是一种天生的群居动物。基因给了我们一种强制手段，也就是羞愧感，让我们能够尽可能地在社会上生存下去。羞愧感具有生命历史的意义，它让我们迎合这个社会。羞愧是一种强有力的负担感，没有不行，但太多了也不行。羞愧的程度因人而异，具有负面信念的人比具有积极信念的人更容易产生羞愧的情绪。

　　由于具有负面信念的人，觉得自己无能、无力、无用，没有多少价值，所以，他们为此感到羞愧。为了掩盖自己的缺陷，他们不是选择积极的价值策略，而是选择了保护策略：或者隐藏自己的缺点，迎合别人；或者以攻为守，变得富有攻击性，贬低别人，抬高自己；或者逃避人际关系，从人群中消失，默默忍受着孤独和寂寞。

　　允许自己成为自己，是我们获得自由的前提，更是建立成功人际关系的基石。它意味着，我们必须接受自己的缺陷、伤疤、错误和隐痛，剔除对完美的幻想和追求。它意味着，我们必须接纳一些不确定性和不安全感，因为这个世界永远不存在完全安全的地方，以及绝对安全的交通工具，即使你躺在椰树林里乘凉，也有可能被掉下的椰子砸死。如果我们追求绝对的安全，就无法面对精彩的生活，错失很多美好的机会，以及令人难忘的人。

你是否美丽、是否完美、是否有权力，这一点也不重要。重要的是，你要找到自己，成为自己。不错，原生家庭塑造了你，包括阴影小孩和阳光小孩，你今天的行为方式和性格特征也源于此。但那已是很久以前的事情了，过去你认知能力有限，没有能力做自己，只能用保护策略应对伤痛，获得安全感。但现在，你已经长大，完全有能力从原生家庭中突围出来，在过去的伤痛中重建自我，找到人生的归属感和生命的意义。

"伟大的哲学家"大力水手说过：**"我就是我自己。"**

这句话可以成为你的口头禅。当然，自我接纳也包括自我发展。只有承认自己的不足，才能改变自己。心理学卡尔·罗杰斯说："一个有趣的悖论是，当我接受自己原本的样子时，我就能改变了。"但是，改变并不是强化保护策略，而是砸碎这层厚实的外壳，透出内在的光亮，让你和你身边的人都活得真实，更具人性，更有意义。

尽管我们是不完美的，尽管我们有这样那样的缺点，甚至缺陷，我们也要对自己满意，为自己骄傲。接纳不完美，我们才更有价值。

生活是艰难的，唯其艰难，我们才要坚守自己。不管生活中出现什么样的风雨，我们都可以做到下面这些：

· 理解你的阴影小孩。

· 尽管害怕，也敢表达自己的观点。

· 尽管害怕，也能给予他人支持。

· 能够成功地区分事实和对事实的解读。

· 消除认知粘连，摆脱糨糊心理。

· 在别人不同意的情况下，坚持自己的观点。

· 如果他人说得有道理，及时给予肯定。

· 能够公正、公开、公平地调解冲突。

· 能够坚持自己的信念和价值观。

· 能够为自己的情绪和行为负责。

· 遇到难缠的人，依然能友善面对。

· 能够成功地消除自己的嫉妒心理。

· 能够真正倾听他人。

· 能够接受以前不敢面对的挑战。

· 能够享受生活。

· 能够坦诚而真实。

· 不趋炎附势，能够靠自己的价值观生活。

· 能够坚持每天做练习。

· 能够真诚地努力。

· 能够保持在阳光小孩状态中。

心理学家荣格说:"一个人毕其一生的努力,都是在整合他自童年时代就已经形成的性格。"性格有很大一部分是保护策略,而"整合",则是去除保护策略,运用价值策略成为真实的自己。

你就是你自己,不管好坏,这就是全部!